高等院校“十二五”艺术设计专业系列规划教材

图案与装饰设计

主　编　陈柏寒
副主编　余青莲
　　　　易　单
参　编　曹中陆

合肥工业大学出版社

图书在版编目（CIP）数据

图案与装饰设计/陈柏寒主编.—合肥：合肥工业大学出版社，2013.11
ISBN 978-7-5650-1578-6

Ⅰ.①图…　Ⅱ.①陈…　Ⅲ.①装饰图案-图案设计　Ⅳ.①TU238

中国版本图书馆CIP数据核字（2013）第252606号

图案与装饰设计

主　　编：陈柏寒
责任编辑：王　磊
装帧设计：尉欣欣
技术编辑：程玉平
书　　名：图案与装饰设计
出　　版：合肥工业大学出版社
地　　址：合肥市屯溪路193号
邮　　编：230009
网　　址：www.hfutpress.com.cn
发　　行：全国新华书店
印　　刷：安徽联众印刷有限公司
开　　本：787mm×1092mm　1/16
印　　张：8
字　　数：200千字
版　　次：2013年11月第1版
印　　次：2013年11月第1次印刷
标准书号：ISBN 978-7-5650-1578-6
定　　价：43.00元
发行部电话：0551-2903188

总序

设计的关键在于创新，设计教育的目的之一是培养学生的创新能力。

本系列教材本着“培养精英型设计人才，致力于研究性教学”的理念，以知识创新为引领，追踪国际艺术与设计专业前沿，注重对学生全球视野与创新能力的培养，注重对学生专业技能和综合素质的培养；通过重构课程体系，改革教学方法，强化实践环节，优化评价体系，以培养具有自主学习能力、社会就业能力和创新精神的艺术设计人才；使学生的多种能力能够更进一步提高，也将会使得教学效果更加突出。

本系列教材，是将在教学中不断探索的具有前瞻性的教学理念、教学方法、教学内容、教学手段和教改思路，通过教材的形式展示出来，起到一定的示范作用。教材的内容既符合课程自身要求，又与社会实际需要相结合，与当今人才培养的要求相适应，具有强烈的时代感、突出的创新性和可操作性，使教学成果能够获得广泛的应用和推广，为高等院校艺术设计专业的研究和设计提供有价值的参考依据，为设计类教学课程体系的改革发展作出贡献。

本系列教材的编著者均是一直从事基础和专业教学的中青年骨干教师。他们积极参与设计学科的建设和设计教学的改革，具有很强的超前意识和勇于创新、探索的精神，充满活力，有很强的进取心和丰富的教学、实践经验。

本系列教材主要解决的问题是针对目前我国艺术设计和工业设计教育的研究比较薄弱的现状，立足于设计教育教学的探讨，从教学的理念、方法、内容、手段等方面进行新的尝试和探索。

1. 培养学生对造型基础设计形态和形式的综合理解，以及对材料的运用能力，发挥他们在基础设计训练的过程中，对于视觉形态新的观察和思考，摆脱既有形式法则的束缚，达到自主地观察、研究造型艺术领域中的创造性艺术语言形式的目的，激发学生的潜在艺术素养与造型能力，提高他们在设计过程中创新的表达能力和扩大思维视角。

2. 本系列教材解决的是学生专业技能的训练，但并不是传统的知识灌输，而是将设计课题置于应用实践过程中，从而逐步掌握专业基础知识。在培养创新型的专业人才的前提下，课题化教学过程的实施，将传统的以教为主的教学模式转化为以研究为主的互动教学；提高学生学习的主动性，培养学生研究和解决问题的创新意识、方法和能力；使他们挖掘自己的创造潜能，不仅在构思阶段需要创造性，在如何学习和如何获得资源、组织资源、管理团队等方面都需要创造性发挥。

3. 加强基础知识与专业知识融会贯通。面对未来社会需要，本系列教材加强与专业化方向学习的紧密联系。专业化方向学习的重点是如何将融通的专业基础学习知识运用于设计的专业化方向。其目的是让学生自主学习、独立思考、体验过程，使学生在解决问题的过程中学到知识与技能，并运用这些知识与技能从事开发性的设计工作。

4. 注重对新技术、新媒体的综合开发和运用。本系列教材将设计基础教学与新技术、新媒体的综合开发和运用相结合，为设计基础教学体系注入新鲜血液，探索用各种材料、多种表现手法、多媒体进行多层次的综合表现，开发新的组织构思方法。

5. 将传统美的培养方法与创造美的心智感化过程相结合，让学生从生活中去发现美、感受美，从而达到自觉进行美的知识训练，提高专业审美鉴赏力。本系列教材尝试构筑开放性的基础教学体系，加强多个层面造型要素与形式相互的延伸、渗透和交叉的训练，在认识造型规律的同时，进行形态的情理分析、意象思维训练和艺术感染力、审美意趣、精神内涵的表现，注重增强基础知识和专业知识的连贯性、延展性、共通性，使基础教学更具自觉性和目的性，在更广泛的领域中和更丰富的层次上培养学生对形态的创造能力和审美能力。

6. 教师要在专业课程的教学中，教师要通过对专业理论的系统性学习和研究，在设计实践中充分发挥设计的功能和媒介作用，体现人的心理情感和文化审美特征，尝试更丰富、更新颖的设计表现形式和方法，使专业设计更好地发挥作用，培养能够快速适应未来急剧变化社会的复合型人才；培养学生具备更为全面的综合素质，积极回应未来社会对于复合型人才的需要；注重学生的创新性思维和实际动手能力的培养，注重实践与理论的结合、传统与前沿的结合、课堂和社会的结合；重创意，重实践；培养学生从需求出发、而不是从专业出发，从未来的需求出发、而不是从满足当前的需求出发的思考方式；逐渐从应对设计人才培养转向开发型设计人才的培养，从就业型人才培养转向创业型设计人才的培养。

在本系列教材的编写中，把握艺术设计教育厚基础、宽口径的原则，力求在保证科学性、理论性和知识性的前提下，以鲜明的设计观点以及丰富、翔实的资料和图例，将设计基础的理论知识与设计应用实践相结合，使课程内容与社会实际需要相结合，与当今人才培养的要求相适应，既符合课程自身要求，又具有前瞻性内容。通过强烈的时代感和突出的实用性，使本系列教材具有可读性和可操作性。

这套系列教材应用范围广，可作为艺术设计、工业设计、环境设计、视觉传达设计、公共艺术设计、多媒体设计、广告学设计等专业的教材、教辅或设计理论研究、设计实践的参考书；对高等院校艺术设计专业师生的研究和设计提供有价值的参考依据，对于设计教育的改革与发展具有一定的参考和交流价值，对我国的设计教育有新的促进作用，起到抛砖引玉的效果。

设计改变生活，设计创造未来！

2013年初春

於无锡蠡湖

前言

图案艺术在中国乃至世界都有着悠久的历史和辉煌的成就。图案在人类生活初期就已经出现，它是人类生活中原始本能的再现，是人类有目的的社会性创造活动，属于人类社会的物质文化活动。图案艺术从古至今都出现在人们生活的方方面面，是人类物质文明生活的重要组成部分。

几千年来，世界各国在不同的历史时期创造了各个时代的图案艺术，其风格各异、变化多样，充分显示了创造者的聪明才智及不同的风俗民情。一方面，图案艺术给我们留下了丰富的视觉形态，极大地丰富了本土文化。另一方面，图案艺术也是激发现代图形设计创作灵感的不竭之源泉。在如今高度科技化、高度信息化的现代社会中，导入新的观念与思维方式，从现代设计的角度出发，重新审视传统图案的造型艺术，充分理解其内涵，能起到指导现代图形设计的作用，并为当今艺术设计人才的培养打下坚实的基础。引导学生了解和研究传统图案艺术，继承其精华，借鉴和吸收国内外优秀图案的构成形式和装饰手法，进一步结合新技术、新材料进行图案艺术的设计，不仅能提升设计者自身的修养和图案创作的水平，更能设计出富有时代气息的优秀作品，这也是本书编写的意义所在。

本教材主要就图案的发展、造型、组织构成、装饰表现技法等问题，介绍了一些基本的理论知识和方式方法。翻阅本教材，读者会发现这是一本列举了大量图例的书籍，编者整理并收集了众多国内外的经典图案作品，在示例作品里包含大量编者在授课过程中产生的优秀学生习作。本教材试图以图文并茂的方式为读者提供一个具体可行的研究、学习方法，便于其掌握更全面的图案知识。在本书编写的过程中，得到了许多同仁的帮助和支持，在此表示衷心的感谢。同时，由于笔者水平有限，在编写过程中难免存在不足之处，望广大读者批评指正。

编 者

2013年10月

目录

第一章　图案概述

课程目的

通过对图案定义的了解，学习与掌握图案设计的基本理论知识。认识图案的类别，为图案设计的专业学习奠定理论基础。

课程提示

明确图案的定义及类别后，才能更好地学习和研究图案的法则和规律，为设计者培养和锻炼各种能力打下良好的基础。

课程要求

掌握图案的定义与本质。

熟悉图案分类的方法。

第一节　图案定义

图案，即图形的设计方案。

《辞海》中对“图案”一词的解释是：“广义指对某种器物的造型结构、色彩、纹饰进行工艺处理而事先设计的施工方案，制成图样，通称图案。有的器物(如某些木器家具等)除了造型结构，别无装饰纹样，亦属图案范畴(或称立体图案)。狭义则指器物上的装饰纹样和色彩而言。”

图案和人们的物质生产、日常生活有着密切的联系，是将艺术性和实用性相结合的艺术形式。它将生活中的自然形象进行整理、加工、变化，使其更完美、更适合实际应用。

随着社会的进步和发展，图案的应用范围也在不断地更新和延展。在现代图案设计中，图案是指将创造的二维形态按照一定的秩序和法则进行分解、组合，从而构成有视觉冲击力的理想的图案形式。作为一种设计基础的训练方法，它在强调形态之间的比例、平衡、对比、节奏、律动等的同时，又要讲究图案造型、色彩、构图的关系。

在现代设计基础的教学训练中，图案课教学是一门有助于建立设计观念和设计思维的理论性很强的课程。学生系统地了解和掌握图案艺术创作的共性及其特殊规律，不仅能提高对美的欣赏能力，而且还能在实际应用中创造美，得到美的享受。

第二节　图案的分类

图案的种类很多，大致可以从以下几个方面来划分：

一、按工艺分类

可分为剪纸图案、印染图案、刺绣图案、雕刻图案、编织图案、印刷图案等。（图1－1～图1－12）

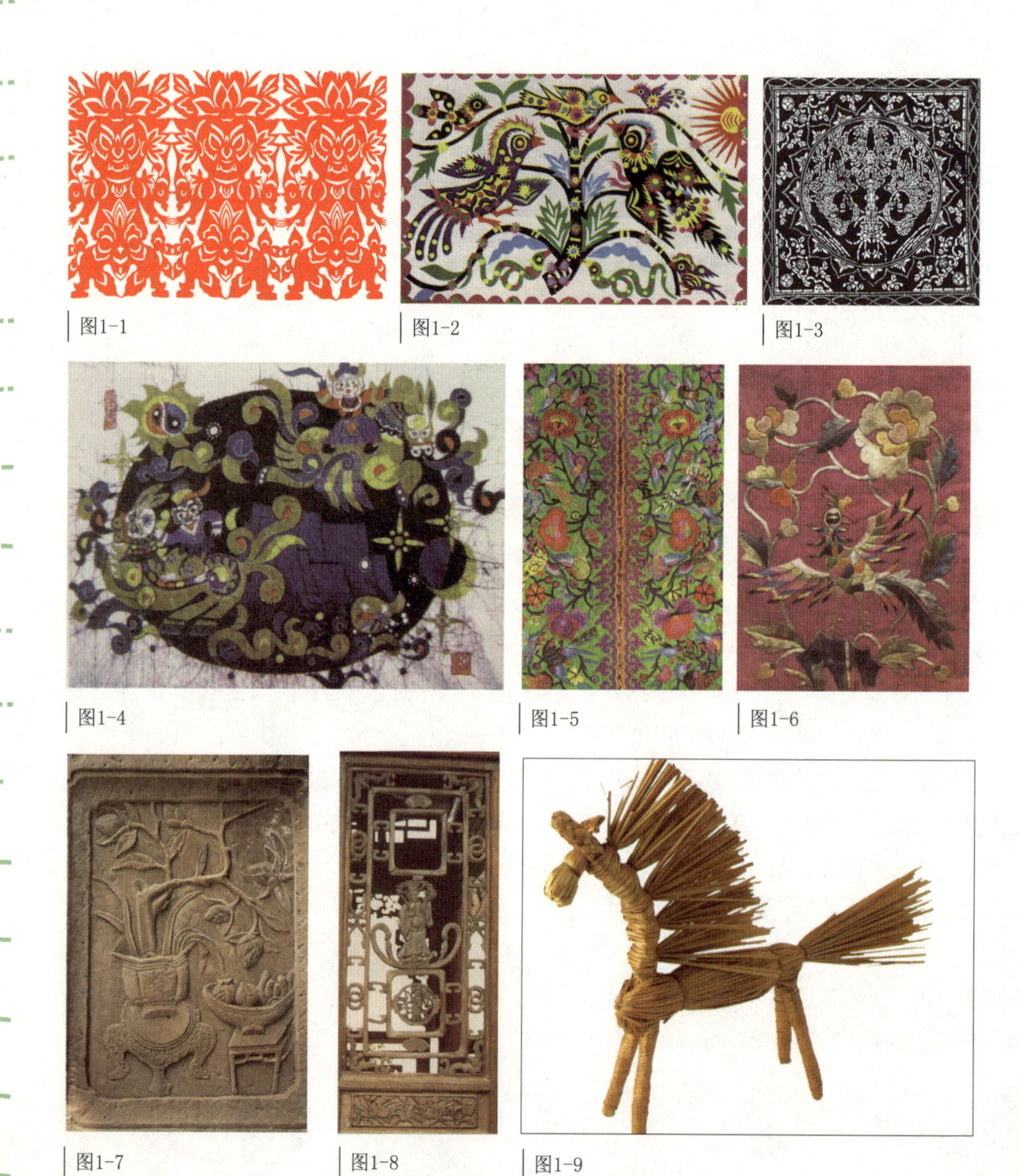

图1-1　图1-2　图1-3

图1-4　图1-5　图1-6

图1-7　图1-8　图1-9

图1-10

图1-11

图1-12

二、按材料分类

可分为丝织图案、陶瓷图案、布料图案、金属图案、玻璃图案等。（图1-13~图1-22）

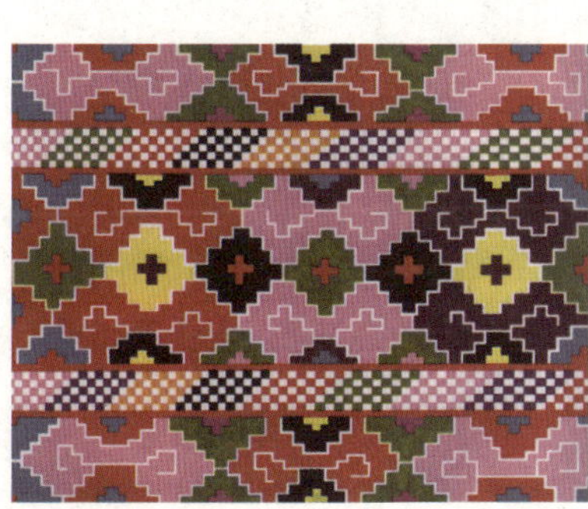

图1-13

图1-14

图1-15

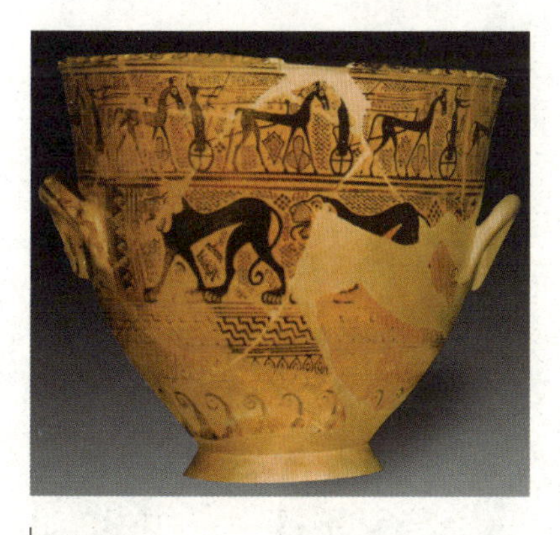

图1-16

图1-17

图1-18

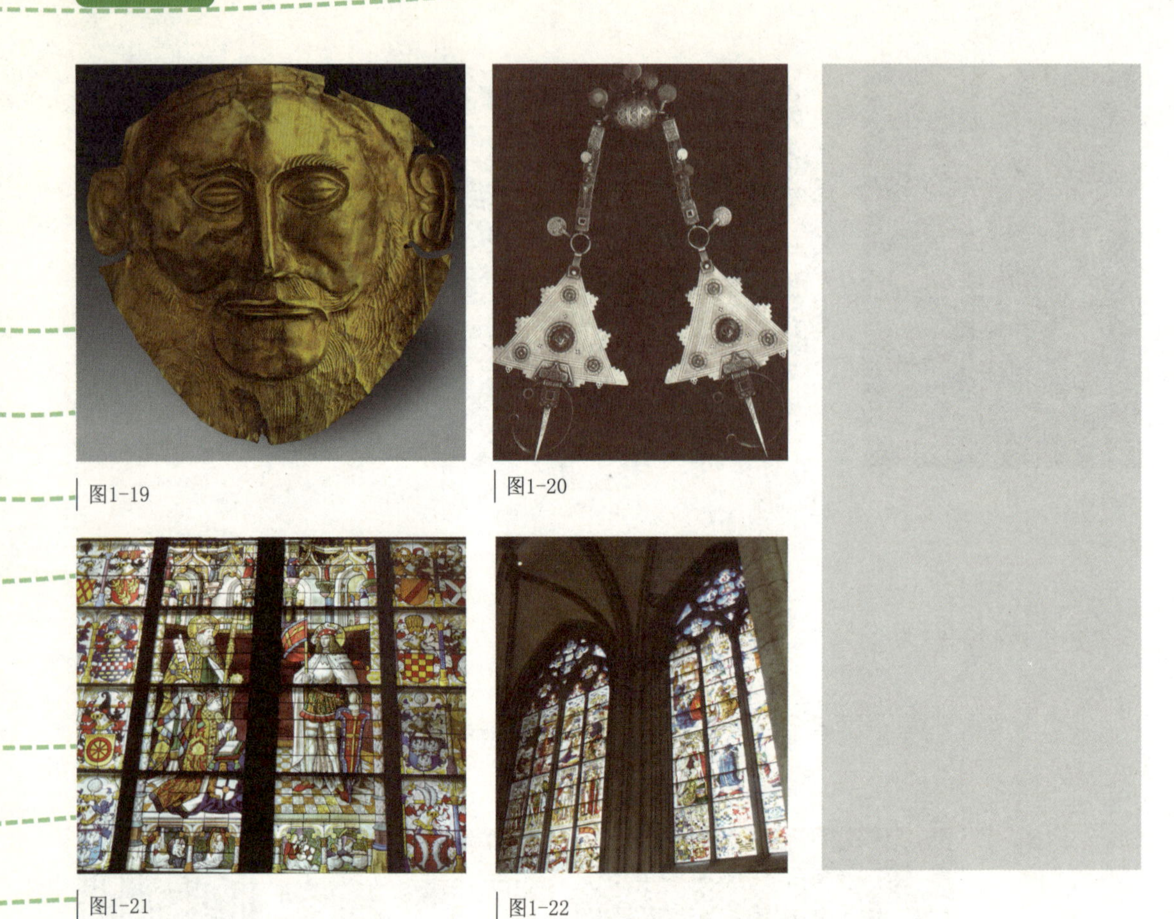
图1-19
图1-20
图1-21
图1-22

三、按素材分类

可分为几何形图案、花卉图案、动物图案、人物图案、植物图案、风景图案等。（图1-23~图1-34）

图1-23
图1-24
图1-25

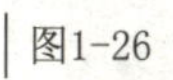

图1-26

图1-27

图1-28

图1-29

图1-30

图1-31

图1-32

图1-33

图1-34

四、按地域分类

可分为波斯图案、印度图案、埃及图案、非洲图案、希腊图案等。（图1-35~图1-44）

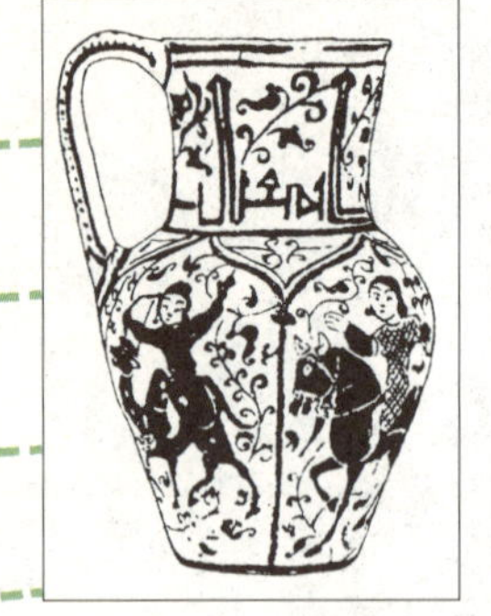

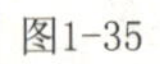

图1-35

图1-36

图1-37

图1-38

图1-39

图1-40

图1-41

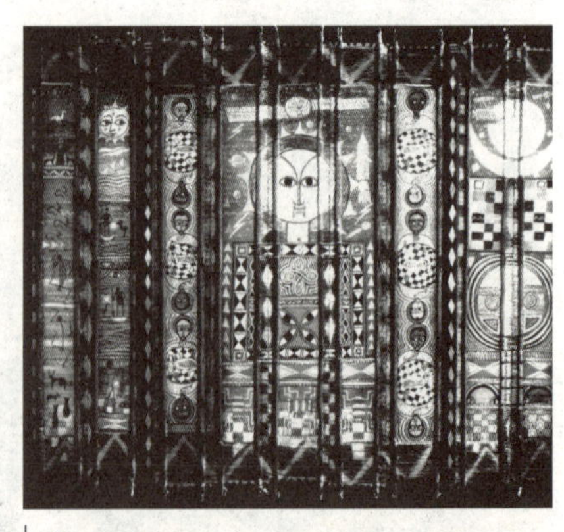

图1-42

图1-43

图1-44

五、按时代分类

可分为古代图案和现代图案。（图1-45~图1-48）

图1-45

图1-46

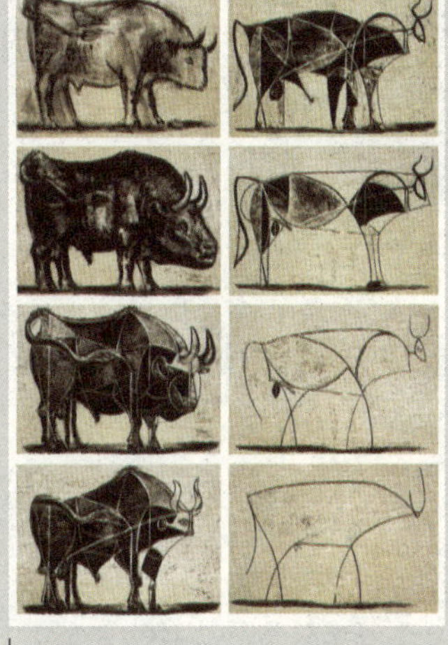

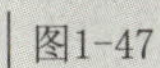

图1-47

图1-48

六、按图案的共性特征分类

可分为基础图案和工艺图案。基础图案主要学习图案的基础理论、基本技法，掌握图案的组织构成能力。工艺图案是指结合一定的材料、工艺、制作条件，为具体用途而设计的图案。（图1-49~图1-52）

图1-49

图1-50

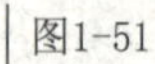
图1-51

图1-52

思考与练习

思考题

1.请简述图案的基本概念。

2.查找资料例举图案的类别，用自己的理解作简短的特点分析。

第二章　图案的历史演变

课程目的

了解图案的起源与发展，通过对不同历史时期图案形式的了解，认识图案的发展变化，提高对不同时期图案的审美情趣。

课程提示

熟悉中国不同历史时期图案设计的特点与规律，掌握民间图案艺术的形式特征，熟悉外国图案的民族、地域特色，为提高设计水平、审美修养及综合设计能力提供用之不竭的创作源泉。

课程要求

了解图案的起源。

熟悉中国图案的发展历史。

探索外国图案的风格与特点。

第一节　图案的起源

图案的发展与人类社会的历史发展是息息相关的，可以说图案是人类艺术的早期形式之一。早在原始社会，人类就开始以图画为手段，记录自己的思想、活动，表达自己的情感，可以说，图案的产生离不开那些原始社会的人们以及与之相处的自然环境。

原始先民为了在生产劳动和社会生活中进行信息传递，设计了许多图画标记，以各类符号表达思想。在北美洲印第安人的岩洞壁画当中，我们可以看到非常简练、具有标志化特征的图案符号。随着社会的进一步发展，图案符号也逐渐统一和完善起来，产生了文字。古代象形文字是一种源于图画的文字，然而正是这种特殊符号或图案奠定了人类真正的文明历史的开端。我国的汉字形态也是源于图画的象形文字，早在新石器时代的一些陶器上，就已经出现了类似文字的图形，如日、月、水、雨、木、犬等等，与其代表的物象非常相似。随后，单纯的象形文字逐渐演变成具有更广泛、更抽象含义的形态，人们开始采用表意等手法来创造更多内容的文字；同时，也扩展了各类图形的发展空间，各种标志、标记、符号、图样的产生，形成了具有特殊寓意的图案样式。在各种古建筑的镶嵌图案中，我们可以看到许多图式背景。在我国传统图案中，各类多种多样、形式丰富的吉祥图形，如“金玉满堂”、“连年有余”、“吉祥如意”、“五福捧寿”等，所有这些无不生动地表现了图案的巨大发展。（图2-1、图2-2）

图2-1

图2-2

第二节　中国传统图案的发展历程

一、新石器时期的彩陶图案

原始彩陶的诞生，是人类历史上的第一个重要里程碑。新石器时代的彩陶分布范围广泛，主要在黄河流域、长江流域，以及华南、东北、新疆、内蒙古等地。中国的陶器造型和彩陶纹饰是传统艺术的光辉起点，在中国现存的原始艺术中，它是具有代表性的重要部分，是最早以造型和彩绘图案相结合的工艺美术，它反映出上古时期人们的生活和文化面貌。

新石器时代陶器种类很多，有灰陶、红陶、彩陶、黑陶、白陶、釉陶等。从彩陶纹饰上可以看出，其造型和色彩具有极高的艺术性和审美价值；在形体上采用合乎规律性的造型结构、简洁概括的装饰手法；由于烧制技术和制陶原料中所含有呈色元素的不同，器物呈现红、黄、黑、褐、橙、白等颜色。

彩陶的装饰内容以变化多端的植物纹、形态各异的动物纹和几何形纹饰为主，在形式上结合几何纹饰和具有一定写实风格的鱼、蛙、鸟、虫、兽的动物纹饰，以及枝叶花朵的植物纹饰等这些装饰性绘画。例如西安半坡遗址出土的人面鱼纹彩陶盆，制作精美，纹饰带有浓厚的生活情趣。青海出土的舞蹈纹彩陶盆，生动地描绘了五人一组的集体舞场面。这些装饰特点表明原始人类具备了对美的初步体验与艺术表现的基本能力。陶器上的这些装饰性绘画，不但反映了当时人类的生存活动，而且充满了浓郁的原始巫术礼仪的宗教观念。

原始人在制作彩陶时很注意图案与器形、视角的关系，力求图案的造型和构成与器形相协调，其图案多装饰在器物的上部，这与原始人在游牧生活中，席地而坐，多以俯视状态观察陶器的生活状态有关。纹饰简明，造型各异，色彩统一，依照几何形的结构来构型的装饰设计形式，使彩陶艺术至今仍散发着独特的艺术魅力。对于我们今天研究图案装饰都有很高的价值。(图2-3~图2-6)

图2-3

图2-4

图2-5

图2-6

二、商周时期的青铜器图案

中国的青铜器艺术，经历了夏、商、西周和春秋战国千余年的发展，形成了独具特色的青铜文化。商周青铜器是中国古代青铜器的最重要组成部分。这一时期的青铜器的艺术成就最为突出，是继彩陶艺术之后的又一座艺术高峰。

商周时期的青铜器艺术，在装饰纹饰上不同于彩陶质朴、原始的风格，以庄重、威严、神秘的超现实的艺术处理手段为特点，蕴藏着深刻的宗教与政治意义，在一定程度上也是王室贵族的权力和等级的象征。

常用于青铜器的纹饰有饕餮纹、夔龙纹、龙纹、蛇纹、鸟纹、凤纹、水波纹、云雷纹、绳纹、环带纹和渔猎、耕作、宴乐及战争场景。纹饰形象虽然来源于自然生活，但自身特点已被淡化，形象被抽象成神秘、夸张的形态，人兽变形、身体简化，具有一定的结构和层次，强化了青铜器的神秘魅力，也蕴含着青铜器所象征的王权的力量。

其中饕餮纹是商周青铜器上最为常见、宗教意味最浓的纹样，它具有鲜明的宗教文化特征，主体部分为正面的兽头形象，两眼非常突出，口裂很大，有角与耳，有的两侧连着爪与尾，也有的两侧作长身卷尾之形，从角、耳的不同形态可以认出其生活原型多为牛、羊、虎等动物。饕餮纹多装饰在器物的主要部位，以柔韧的阴线刻出，或作阳线凸起；构图丰满，主纹两侧以富于变化的云雷纹填充，具有阴阳互补之美。夔龙纹图案是近似于龙纹的怪兽纹，多以头上有角的侧面龙形图像出现，常用来组织成饕餮纹。龙纹则多常见正面图像，以鼻为中线，两旁置目。其他纹饰如水波纹、云雷纹，则普遍用来填满所要装饰的环形装饰带和底纹，与主体纹饰形成面积及线条对比，衬托装饰主体。

商代的青铜器，造型以庄威、典雅、厚重、古朴为主要特征，器物以礼器为重。西周的青铜器纹饰以自由、朴素、单纯的环带纹、窃曲纹、蛟龙纹等为主，呈现典雅、朴素、简练的面貌。商周时期的青铜器艺术无疑是中国古代青铜器艺术的杰出代表。（图2-7~图2-10）

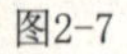

图2-7

图2-8

图2-9

图2-10

三、春秋战国时期图案

春秋战国时期的图案以装饰图形生活化和工艺制作多样化为特点，除了青铜器的装饰，还增加了许多日用品及工艺品，如漆器、玉器、织绣、金银器等。这一时期随着奴隶制的崩溃和社会思潮的活跃，人们开始肯定世间现实生活，努力摆脱宗教对生命的束缚。此时流行一种新的审美趣味和理想，装饰艺术风格也由传统的封闭式走向开放式，造型由变形走向写实，轮廓结构由直线为主转为自由曲线为主，艺术格调由严谨庄重转为活泼生动，风格自由活跃、形式多元丰富。

青铜器装饰打破了商周的僵化格式，令人耳目一新。图案向反映战争场面和人们日常生活等的新颖领域发展，风格趋于生活化的特点，将叙述画的表现形式用于主体装饰，内容以宴乐、渔猎、水陆攻战的故事情节为主，动物、植物、人物、风景、几何纹饰出现在一个图形中。在图形的造型和构图上，出现了弧线形、斜线形、对等曲线形、平衡直线形相结合的式样。例如战国时期的“宴乐渔猎攻战纹”铜壶，同时表现了采桑、渔猎、宴乐歌舞、水陆攻战的场面；区域之间用三角卷云纹隔开，画面丰满统一、富于变化。

春秋战国时期的玉器，绝大多数都装饰有花纹图案，雕刻细密，纹饰抽象，以圆弧形为主体装饰，给人一种神秘感。玉佩是当时玉器中的主要品种，质地细腻，造型矫健，制作精良。

织绣图案以几何和动物题材为主，以重叠缠绕、上下穿插、四面延展的四方连续的图案为主要骨架。例如湖北出土的战国刺绣，题材以龙凤、动物、几何纹等传统题材为主，写实与变形相结合，布局灵活，既有严整的条理性，又有灵巧的穿插变化。

漆器的装饰纹样形象生动，具有清新活泼的艺术特色，主要有动物纹、云气纹、几何纹以及社会生活题材，尤其是云雷纹等自然气象纹，在战国漆器装饰纹样中占据了突出地位。常见的有纯用云气纹或转化为云形结构的龙、凤纹组成画面。这些纹饰萦回舒卷、相互勾连、飞舞灵动，给人以大气盘旋般的深邃感和生命机能的活跃感，达到了很高的艺术境界。这些纹样往往被分解、打散、变形，常采用适合纹样和四方连续的形式来组织图案，再配合器物的造型，形成无数充满运动感的神采飞扬的奇异画面。（图2-11~图2-14）

图2-11

图2-12

图2-13

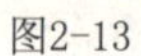

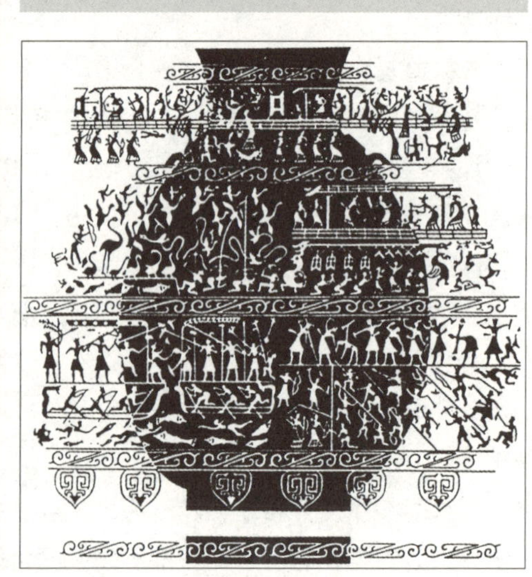
图2-14

四、秦汉时期图案

秦汉时期的图案装饰主要表现在画像石、画像砖以及瓦当上，其造型、布局、制作等方面都是空前的。这一时期的图案内容以人物、动物为主，风格古拙、朴质，装饰味强，且富有旺盛的生命力和雄浑的气势。

画像石是雕刻着不同画面，用于构筑墓室、石棺、享祠或石阙的建筑石构，具有很高的艺术性。其图案内容大多来源于动物、植物的原型，通过对其进行提炼和概括，进一步简化、抽象，创造出新的艺术形象；主体造型呈现剪影式的特点，以侧面居多，形态生动；在雕刻内容上，将不同情节的故事有规律地安排在一起而不显杂乱；图案纹饰以各种吉祥纹样作为主题性纹样，边饰多为几何纹、直线纹和斜线纹。画像石的装饰图案纹样，极大地丰富了空间层次，体现了点、线、面的强烈节奏感，布局合理、紧凑，画面生动，既追求了形神之美，又满足了审美需求。

画像砖是秦汉时代的一种建筑装饰构件，西汉初期多用于装饰宫殿的阶基、立柱等，中期以后主要用于装饰墓室壁画。砖面上模印各种图像，内容既有历史故事，也有反映现实生活的车骑出行、舞乐百戏。这些图案画面生动活泼，富于浓厚的生活气息，强烈地表现出汉代社会生活的方方面面；技法上采用高浮雕、浅浮雕、阳线刻及阴刻施阳线条等手法，使其在造型上具有一种浅浮雕感。

整体来说，秦汉时期的画像艺术表现的对象多为幻想中的神仙世界、现实中人间贵族统治者的享乐观赏、社会下层奴隶们艰苦的劳动生活；纹样造型浑厚纯朴，几何纹样以线条的曲直、粗细的组合变化表现，动物纹样则以简练朴拙的形象和姿态来反映当时人们的思想爱好和理想追求。

秦汉时期的瓦当极具代表性，至汉代进入了一个全盛时代。其大多以圆形结构为主，图案仪态万方、内容充实；纹样有云纹、动物纹、植物纹、几何纹、文字纹等，构图巧妙、造型生动，作品风格质朴浑厚。其中，以青龙、白虎、朱雀、玄武为纹饰的四神纹瓦当，造型饱满均衡，动态夸张生动，代表了瓦当装饰艺术的最高成就。东汉以后，瓦当艺术逐渐走向衰落，莲花纹瓦当兴盛起来，还有少数的佛像瓦当。

另外，汉代漆器纹饰以各种变形云纹、龙凤纹和圆点、菱形、环形、方连变体等几何形图案花纹最多，还有少量的花草纹和写生动物纹；色彩多为红黑二色相间，或用朱、青，或用朱、金彩绘，强烈大方。玉器、陶瓷、纺织、金属制品、刺绣等装饰艺术都有突出的成绩。这些艺术品以不同的面貌共同体现了汉代博大、饱满的装饰艺术风格。（图2-15~图2-22）

图2-15

图2-16

图2-17

图2-18

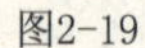

图2-19

图2-20

图2-21

图2-22

五、魏晋南北朝时期图案

魏晋南北朝时期是中国历史由统一到分裂的混乱时期，佛教经西域入住中原，给艺术注入了新的活力。这一时期修建了许多寺院并开凿了一批窟穴。无论是寺院建筑上的石刻图案装饰，还是窟穴中的精美佛像、浮雕图案，都有着非常明显的艺术特点。

这段时期的图案主要表现在石刻、壁画、瓷器、漆器中。图案主要有禽鸟、仙女、植物等构成的纹样，反映不同的生活场景。由于图案受外来形式与风格的影响，造型不仅有飞天、仙女、祥禽瑞兽，还有许多莲花图案及富有西域风格的忍冬草图案，以独幅式和二方连续样式为主；将飞天和莲花作为主要图案，外围用几何纹、忍冬纹、云气纹连接成带状做边饰。

其中最为典型的飞天形象，造型优美，眉清目秀，鼻丰嘴小，五官匀称谐调，线条柔中带刚；飞翔姿态也多种多样，有的横游太空，有的振臂腾飞，有的合手下飞；纹样绘制细致整体，质朴、庄重、气势壮观。

另外，莲花纹也是这一时期瓷器以及其他工艺品上最具时代特征的图案纹饰。莲花纹装饰自东晋开始流行，至南朝更盛，这与佛教的传播有着直接关系。瓷器上的莲花纹一般多采用刻

画手法，它所修饰的卷草纹，则呈波状结构，循环往复，婉转流动，节奏鲜明。（图2-23~图2-25）

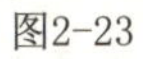

图2-23

图2-24

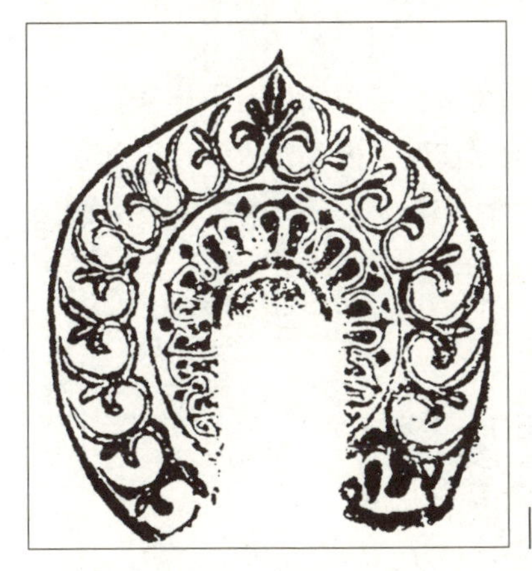

图2-25

六、唐代时期图案

唐代是我国封建社会的繁荣昌盛时期，文化异常活跃。图案博大清新、纹样饱满、富丽堂皇、题材丰富、结构多样；造型上运用较大弧线，色彩上运用金彩、退晕的方法表现深浅层次的色阶，有富丽、华美的艺术效果。这些图案常装饰在金银器、铜镜、玉器、瓷器、织锦等工艺品上，多以适合图案为主要形式；装饰题材上除了鸟、兽等各种动物外，植物、花卉开始成为主题。这些题材广泛、手法多变的图案素材大多是来源于当代的现实生活，所以都间接地反映了人们对美好生活的向往和生机勃勃的自然景物的某些侧面。

常用的纹样有卷草纹、宝相花、海石榴、花鸟纹、华盖纹、联珠纹、环带纹、人物纹等，纹样清晰，剔透秀丽；多种纹样穿插有序，其构成趋向于节律化，均齐平稳，花型丰满，线条流畅；技法上有雕凿划绘，把一件图案独立起来看，如同欣赏一幅绘画或一件雕塑。其中，卷草花纹的叶子种类多样，而且显得相当有厚度。这些花朵大多是重瓣密集，呈尚未完全舒展的状态，每一花瓣都汁液饱满，以至于膨胀而反卷。除花卉纹样之外，还有一些禽鸟、蝴蝶之类纹样相配合。另外，动物纹样中还有一些龙、凤之类，多表现得很生动。

唐代图案纹样在风格上最明显的特点是它的写实的作风，组织上有一定的规律性，形象处理洗练，没有进行很多的变形。

在工艺制品中，唐代瓷器造型浑圆饱满，简洁单纯，富有变化；装饰方法有印花、划花、刻花、堆贴和捏塑等；图案纹样逐渐发展，常见花鸟和人物题材，线条流畅生动。

唐代玉器的装饰图案纹样以花卉为主，形态完整，花蕾、花叶、花茎一应俱全；除花卉纹样之外，还有如意纹，一般装饰在人物、花鸟周边。

唐代的印染工艺尤为发达，纬丝织花十分流行，为织锦业的一大发展。其织锦纹，鸟兽成双，左右对称，联珠团花，花团锦簇，缠枝花卉，柔婉多姿，配色敷彩，典雅明丽。因受佛教影响，新奇富丽的宝相花和莲花图案，也广泛流行。另外，丝织品图案中花鸟、联珠团花和缠枝纹样的创造，极大地丰富了两汉以来的装饰传统。

另外，唐代的金银器多为生活用具，主要有炉、壶、碗、盘、杯等器皿，造型优美，富有变化，纹饰生动。鲜花异兽，布满于闪闪发光的珍珠底上，绚烂富丽，光彩照人。在图案纹饰上，例如铜镜，常见花饰纹样有云龙纹、葡萄海兽纹、宝相花、缠枝花、狩猎和打马球等镜纹。（图2–26~图2–29）

图2-26

图2-27

图2-28

图2-29

七、宋元时期图案

宋代的图案具有典雅、平易、秀丽、清新的艺术风格，线条流畅、挺拔、潇洒，造型和构图完美；装饰内容以花卉为主，常见的有莲花、牡丹花等，花叶错落有致，抒写性强，且形象自然优雅、姿态各异，具有绘画写意的趣味。

继宋代之后，元代在装饰艺术上有了新的发展。人们已不再满足于宋时清秀高雅的文人风格，而转向通俗化。

宋代陶瓷工艺达到了中国古代陶瓷工艺的高峰，出现了钧、汝、官、哥、定等五大名窑；造型端庄，色彩晶莹淡雅，图案清秀大方，代表了这一时期高雅、凝重的装饰风格。从纹饰上讲，宋瓷的纹饰题材表现手法都极为丰富独特，一般情况下，龙、凤、鹿、鹤、花鸟、婴戏、山水景色等常作为主体纹饰而突现在各类器形的显著部位，而回纹、卷枝卷叶纹、云头纹、钱纹、莲瓣纹等多用作边饰，用来辅助主题纹饰。制作者用刻、划、剔、画和雕塑等不同技法，在器物上把纹样的神情意态与胎体的方圆长短巧妙结合起来，形成审美与实用的统一整体。

另外，宋代的仿古玉器大量出现，仿古纹饰盛行，且侧重于现实生活的题材大量涌现。玉器的纹饰主要有云纹、鱼纹、花鸟纹、卷草纹、兽面纹等，其中动植物占了很大比重，尤其是植物花卉开始成为重要的装饰图案，如牡丹、卷草等。这些花卉图案的主要特点为花叶简练紧密，花及叶的数量不多，用大花、大叶填满空间，图案表面少起伏，叶脉以细长的阴线表现；在透雕的表现方法上注重图案的深浅变化而无明显的层次区分。

元代发展了宋代的陶瓷品种和特点，出现了青花、釉里红，装饰风格通俗、自由、不拘一格，其中，元青花的纹饰形成了元代纹饰的特色；纹饰题材包括植物、人物、故事情节、几何纹样等。花卉纹饰在元代多以莲花和牡丹为主，其次是菊花；例如变形莲花瓣纹，通常以8个莲花瓣作为装饰带，在每个花瓣内又加绘多种花纹，有朵花、朵云、火焰等等。这种莲花瓣的绘画风格在元代较为明显，均用一道粗线和一道细线平行勾勒出轮廓线，每片花瓣之间不相连，留有一定空隙。栀子花在元青花中也较独特，以五瓣形小花、小叶状缠枝花形态作为边饰，而瓷器肩部往往是青花云头纹。（图2-30~图2-33）

图2-30

图2-31

图2-32

图2-33

八、明清时期图案

明清时期工艺美术品的品种、造型、装饰风格都受到当时大规模的商业生产的影响，促进了其多样化的趋势；在造瓷技术上有了很大的进步，胎釉细腻、色泽鲜明，移植珐琅彩和创造粉彩是当时杰出的成就，同时还出现了青花、斗彩、五彩等新品种。另外，丝织、玉雕、漆雕、景泰蓝等物件的装饰内容也很多样，形式繁琐、细腻，层次丰富。

明清时期，图案形式复杂，题材内容丰富，制作技术精绝。明代瓷器的彩绘图案纹样有植物纹、动物纹、云纹、回纹、八宝、八卦、钱文等等。其图案以一种或几种植物、动物作为主题纹样，其他纹样作为辅助装饰。比较常见的植物纹样是用牡丹、菊、莲、灵芝、花果、牵牛花等作为主题花纹，并配以蕉叶、如意去头、缠枝莲、仰莲等辅助纹饰构成图案。

清代瓷器装饰主要是彩绘，特别是各种釉色底加彩绘的综合装饰。彩绘图案装饰有单纯的纹样，也有以花卉、花鸟、山水、人物故事等为主题的图案。其中，单纯的纹样有各种缠枝花纹、团花纹、龙、凤、云龙、云雷、回纹、海涛纹、冰梅纹等等。除此之外，还广泛出现了以寓意和谐音来象征吉祥的图案。

明清时期的玉器借鉴绘画、雕刻工艺的表现手法，汲取传统的琢玉工艺，纹饰内容异常丰富、多变，大致可以分为动物纹、植物纹、人物纹、几何图案等，这些图案，无不反映着当时人们的思想意愿和审美情趣。

明清漆器装饰纹样包括植物、动物、风景、人物等，内容十分丰富。这一时期的图案由于受到道教与山水市井绘画艺术的影响，在漆器纹样中，有大量的植物纹样，这些植物纹样除了反映自然界的景观之外，也寓意着吉祥，如松、柏、桃、石榴、荔枝、佛手、竹、梅、莲花、牡丹、月季、水仙、百合、山茶花、灵芝、葫芦、桂花等。（图2-34~图2-37）

图2-34

图2-35

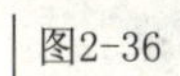

图2-36

图2-37

第三节　中国民间图案艺术

中国民间美术是在中华民族漫长的历程中发展起来的，集聚了民族深层的底蕴、智慧和艺术精神。民间美术从整体上显现出神秘、粗犷、质朴的审美特征，相对于宫廷、官方以及上层社会的艺术而言，它是由民间艺人制作并为老百姓所用的一种艺术形式，图形内容大都反映老百姓的故事生活、民间传说、历史故事等。

民间图案的种类繁多，较常见的是剪纸、蜡染、刺绣、蓝印花布、泥玩、木版年画和风筝、皮影等；通过寓意、联想、象征、夸张的手法来传达对美好事物的追求，使画面充满美妙的氛围。

一、剪纸

剪纸艺术是我国传统民间艺术样式之一。剪纸不仅是美的欣赏品，而且是民间文化的体现，是民俗文化的重要组成部分。中国民间剪纸有着悠久的历史。在过去，人们常将剪纸用作祭祀祖先或丧葬仪式上，现在，剪纸更多的是用于装饰。剪纸艺术的创作者大多是乡村妇女和民间艺人，他们以对生活、对自然的认识、感悟及日常生活中的见闻事物为题材，风格浑厚、单纯、简洁、明快。

剪纸常用阳刻、阴刻或阴阳结合形式来表现相互连接、互不分离的统一体的形式。其线条或剪刻或手撕，有的浑厚、稚拙，有的严谨、灵巧，有的用阳刻线形成刚毅而富有弹性的风格，有的用阴刻线产生低沉而圆润的效果。

在造型图案上，剪纸运用人物、走兽、花鸟、日月星辰、风雨雷电、文字等，以神话传说、民间谚语为题材，通过借喻、比拟、双关、谐音、象征等手法，创造出图形与吉祥寓意完美结合的美术形式。如“连生贵子”（莲生桂子）、“福在眼前”（蝠在眼钱）、“金玉满堂”（金鱼满堂）等等，以民族共性图式反映美好事物。传统民间剪纸艺术的图案形象概括、夸张、圆满、美观，构图讲究疏密变化、充实丰满，线条规整、流畅，给人一种简洁、单纯、朴实、亲切的感受。剪纸艺术在不断地摸索实践中，创造了适合纹样、单独纹样、二方连续、四方连续等纹样形式，并归纳总结了形式美法则，如对立与统一、对称与均衡、虚形与实形、重复和多样等。

民间剪纸艺术是先辈们心灵的寄托，拥有顽强的生命力，它特有的普及性、实用性、审美性符合了民众的心理需要，富有独特的象征意义。（图2-38、图2-39）

图2-38

图2-39

二、蜡染

蜡染工艺是用蜡把花纹点绘在麻、丝、棉、的毛等天然纤维织物上，然后放入适宜在低温条件下染色的靛蓝染料缸中浸染，有蜡的地方因蜡的保护而保留图形。印染过程中，由于布纹折皱导致封蜡处出现深浅不同的裂纹图样，呈现一种带有抽象色彩的图案纹理。

蜡染的图案丰富多样，不同的地域有不同的内容形式；一般都以写实为基础，题材多为花、鸟、虫、鱼等自然纹样或云纹、三角纹、回纹等几何纹样。自然纹样的造型经过夸张和取舍，显得生动朴实；几何纹作为装饰多采用四面均齐、左右对称的构图方式，点、线、面的变化丰富，层次分明，结构严谨，画面韵律感极强；也有将自然纹样与几何纹样互相穿插布局的。由于这些图案都来自于生活或优美的传说故事，因此具有浓郁的民族色彩。（图2-40、图2-41）

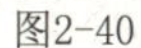

图2-40

图2-41

三、刺绣

刺绣是民间应用最为广泛的一种工艺品种，我国主要有苏、湘、蜀、越四大名绣，针法丰富，装饰特点各不相同。

刺绣图案内容多样，通常以花鸟、鱼虫、植物为主，走兽、人物、风景、民间习俗也经常出现于各类刺绣装饰之中。这些图案的种类与题材，大多是反映少数民族的生活或自然景物，例如植物花叶，动物中的鹿、狮、马、羊、飞禽、虫、鱼以及风情人物等。所绣景物秀丽精致，多含有吉祥如意的寓意以及对幸福生活的渴望和美好憧憬。例如“团花似锦”、“鱼水和谐”、“云云花”、“二龙戏珠”等图案，色彩艳丽醒目，形象活现逼真，风格独特。

民间刺绣工艺常用于服装、鞋帽、枕套、云肩、被面等。其中服饰中的装饰，多用在妇女儿童身上，服饰的不同部位有着不同的花样。例如，在袖口处常饰以含有平安、吉祥、如意的二方连续图案；领口刺绣中大多是如意云和花卉等图案；上衣多在胸口处绣有鱼戏莲、牡丹花等图案。童鞋刺绣图案中，男孩多为老虎鞋，女孩子的鞋子绣花图案多采取含有吉祥、欢快寓意的花鸟图案。

民间刺绣工艺不但装饰、美化了人们的生活，更寄托了各民族的感情，它是人们生活中不可缺少的组成部分，渗透了无数妇女的聪明智慧和美好的愿望，显示了不同时代的文化风貌和艺术成就。（图2-42、图2-43）

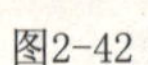

图2-42

图2-43

四、蓝印花布

蓝印花布是我国一种古老的民间手工印花的工艺品种，分白底蓝花和蓝底白花两种形式。其具体制作工艺是在印花板上预先刻出图案，用石灰、豆粉和水调制防染涂料，将刻好的花板贴付于白布上，再刮涂防染涂料，待涂料干，在蓝靛中浸泡染色，染透后去除防染涂料，可出现蓝底白图的图案。

蓝印花布的造型图案普遍采用框架式结构与中心纹样相结合的组合形式，造型结构线及纹理变化均以有规律的短线、点、小块面构成。这种造型规律与蓝白相间的色彩共同形成了蓝印花布的装饰特点。图案题材多来自于民间故事、动植物和花鸟组成的吉祥纹样。其中的花草树木、飞禽走兽都蕴含着寓意，因谐音和隐喻的不同应用于不同场合。例如：晚辈会选用“福寿双全”、“松鹤延年”的图案包裹布给长辈送礼；男婚女嫁时则选用“吉祥如意”、“龙凤呈祥”的图案的蓝印花布作为彩礼和嫁妆，寓意着夫妻恩爱，白头偕老。

总体来说，民间蓝印花布具有浓厚的乡土气息，在过去常适用于民间的日用装饰

品，如服装、头布、被面、布兜、包袱、门帘等，在现代社会则为更多的人们所喜爱。（图2-44、图2-45）

图2-44

图2-45

五、泥玩

泥玩是深受儿童喜爱的一种玩具，用泥土捏制或在模具中挤压拓印而成；造型内容以动物、飞禽和人物为主，形象稚趣活泼、古拙、怪诞，纹饰色彩鲜艳，具有浓厚的乡土气息和地方特色。其中，动物泥玩主要以狮子、马、狗、老虎等做泥胎，色彩多以红、黄、绿、白为主；飞禽泥玩主要以公鸡、孔雀、凤凰、大雁、鸳鸯等形象做泥胎，造型简练丰满，装饰纹样多以花草为主，在背部、胸部、颈部作修饰，概括简练，笔法生动；人物类泥玩造型手法严谨，崇尚写实。泥玩工艺是民间艺人对自然生活观察认识的感悟表现，它充分体现了艺人在塑造动物神态形象方面的技艺，其率真和质朴的品质，展示了我国民间艺术的博大内涵。（图2-46、图2-47）

图2-46

图2-47

六、木版画

木版画是由民间艺人以木刻水印的形式创作并制成的一种民间装饰画；在制作上由工匠先画出底稿，再雕刻木版，然后刷色着墨印于纸上；题材以吉祥内容和戏剧故事为主，如“招财进宝”、“福寿双全”以及门神、门画等，比较直白地表达了民众朴实的主观愿望；在造型上，运用传统白描手法，并结合戏曲艺术夸张的特点概括形象，颜色以品红、绿、青、紫为主，形成强度对比和重叠。民间木版画是独具中国文化特色的艺术形式，蕴含着深厚的人文气息。

民间图案体现了特有的集体审美意识和价值取向，整体表现出神秘、粗犷、质朴、简洁的审美特征，在造型上呈现出求大、求全、求俗的原始造型观念，在色彩上传承了华夏民族几千年的美学构架，显示了民间艺术强大的生命力和审美价值，其蕴含的艺术精神永远值得我们学习和借鉴。

中国民间图案艺术反映了各民族的图案风格及其历史，民族图案纹样的产生、发展和演变，与各民族的生产、经济密切联系，它以代代相传的直接传承方式继承了传统，伴随着中华民族的繁衍生息而发展演变。民间图案对于探讨现代图案艺术与传统图案的继承关系有着很大的启迪作用。（图2-48、图2-49）

图2-48

图2-49

第四节　外国图案

一、古埃及图案

古埃及图案是享有世界盛名的极有特征的图案。它是古埃及人生活的一部分，是古埃及人杰出的创造。它的形成，是由于古埃及人所处的特殊自然环境，稳定、封闭而专制的王权统治，以及古埃及人特殊的宗教信仰。

古埃及图案简练、概括、水平构图，装饰性强。其中，非常普遍的莲花图案，其对称的单位图形给人以庄严感和神圣感。纸草图案似未开放的蒲公英，象征幸福。柱式图案有中心垂直的对称轴，分层组织各部分局部图案。连续图案中涡形的水纹及其延长出来的连接线，给人以澎湃的水的流动感。用“万”字形旋转曲线的骨骼，将单体图案相互紧扣。（图2-50、图2-51）

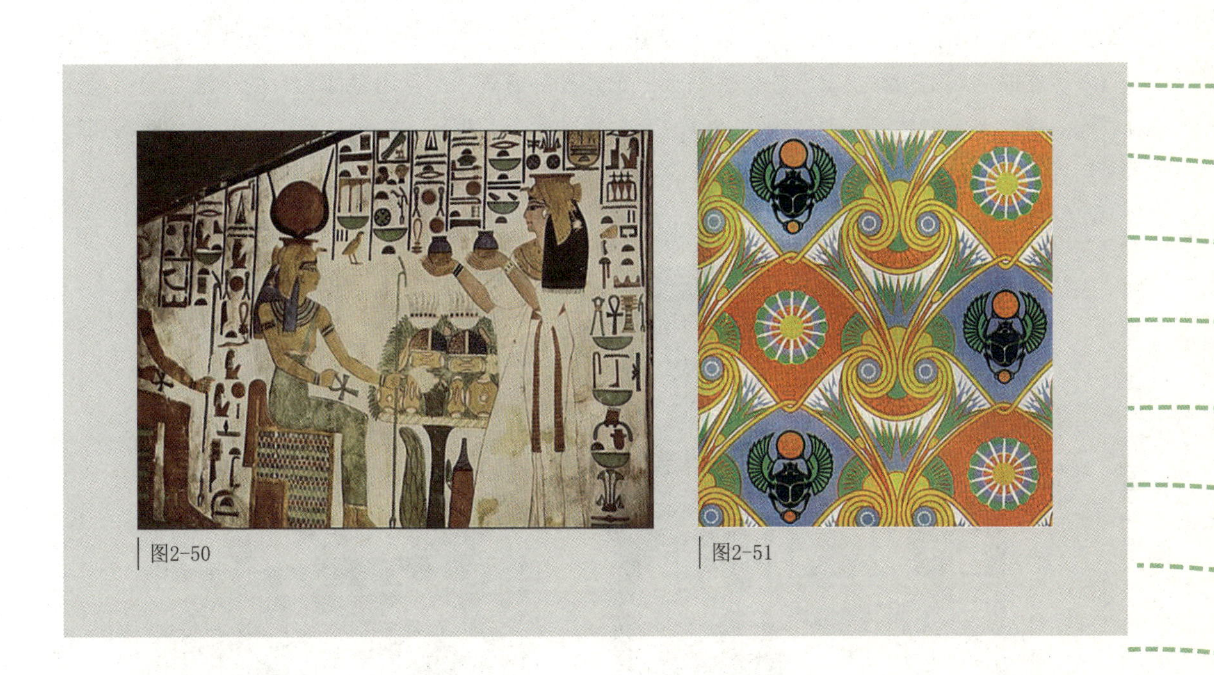

图2-50

图2-51

二、希腊图案

古希腊人很讲究比例匀称及和谐，各类艺术风格也遵循比例和谐的审美观念。古希腊人在陶瓶上绘制的图案式装饰画，将器形、图案及装饰画融为一体，先后经历了不同的风格时期，内容多是描写神话故事的画面。图案语言及装饰手法中，利用特殊的影形造型，用装饰线描绘，将具象的表现和抽象的表达合为一体。（图2-52、图2-53）

图2-52

图2-53

三、非洲图案

非洲是一个弥漫神秘气息的版块。在这块辽阔的土地上，有着历史悠久的传统艺术。其图案艺术幽玄与瑰丽、粗狂与妩媚并存。特别是在雕刻艺术上别具一格，引起无数艺术家的美学思考。在非洲雕刻图案里，不注重去刻画形象外部的逼真，而是用整体写意的手法，局部看，显得随意简单；整体看，却透露出一种鲜活的内在生命；既给人一种狞厉的神秘感，又在那种自然浑朴、天真憨稚中，使人感到亲切。（图2-54、图2-55）

图2-54

图2-55

四、波斯图案

古代波斯手工艺生产非常发达，最具有代表性的是波斯地毯，图案精美华丽，以抽象的植物、阿拉伯文字和几何图案进行构图。内容主要取材于中东地区人民的生活环境、风俗习惯。分为直线条几何图案和曲线写实图案，最常见的元素有：宗教人物纹、花瓶花草纹、文字纹、树木动物纹、狩猎纹、庭园建筑纹。 波斯工艺品上的图案内容广泛，有几何形，有植物、动物等。图案追求形态完美，构图极具装饰性。（图2-56、图2-57）

图2-56

图2-57

五、北美印第安图案

印第安的图案神秘有内涵，其间既包含了淳朴和明朗的阳光，又具有原始信仰的残忍和诡异。印第安图案伴随着印第安各部族的宗教和各种生活风俗。它们出现于面具、护身符、陶器、刺绣、纺织物以及金银制品上。风格特别，具有神秘感，绚丽多彩且独具一格。许多图案都是非常罕见的，非常值得我们珍藏。（图2-58、图2-59）

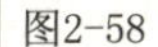

图2-58

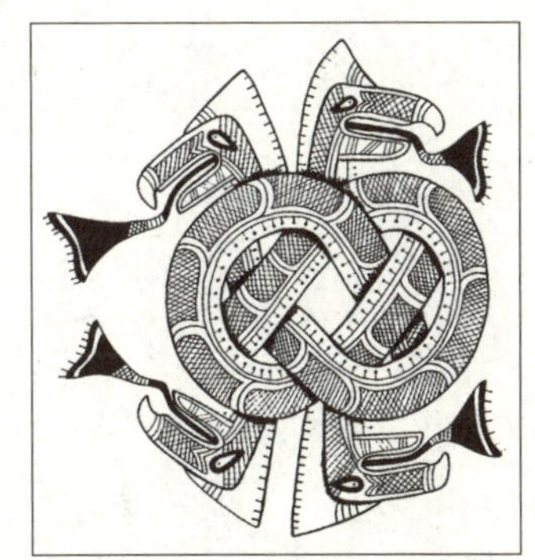

图2-59

六、印度图案

印度是四大文明古国之一，它的艺术以神为中心。其中，佩兹利纹样是印度纺织品广泛使用的纹样。佩兹利纹样源于印度生命之树的信仰，纹样富丽、异彩。（图2-60、图2-61）

图2-60

图2-61

思考与练习

思考题

1.请简述图案的历史起源。

2.请简述中国不同历史时期图案的特点与发展趋势。

3.请根据自己收集的各国图案，简述其风格与特点。

第三章　图案造型的基本原理与法则

课程目的

掌握图案由写生到变化的方式方法及特点，认识图案的基本规律和形式美法则，能合理地利用形式美法则，将写生的题材归纳整理成具有变化美感的图案。

课程提示

了解图案写生与变化的意义及方法，可以提高学习者对自然物象的提炼概括能力、观察能力及造型能力。图案的变化是图案装饰设计的核心内容，需要在实际创作中灵活运用。

课程要求

掌握图案写生的基本方法。

掌握图案变化的基本方法。

明确图案写生与变化的关联性。

熟悉并能有效地使用图案的形式美法则。

第一节　图案造型的要素

一、图案的写生

1. 图案写生的目的与意义

图案写生是为图案变化收集素材，寻找创造灵感和变化点，并为图案创作提供形象依据的重要手段。通过写生的观察与记录，使我们能全方位地了解对象的形态特征、结构特征，加深对对象的认识，运用各种表现形式，把所要理解的对象提炼概括地描画出来。同时，写生过程也能逐步培养我们敏锐、精确的观察力、分析力、表现力和思考力。学会用选取、提炼、加工的写生手法，充分表现物象的特征和本质。在写生中应运用形式美的基本法则，描绘出结构清晰、造型优美的自然物象，只有这样才能为图案的设计变化做好准备。

2. 图案写生的方法

图案写生，首先要对自然物象进行深入细致的观察，选择动态优美、特征典型、角度适宜的自然物象作为描绘对象。对花卉植物的描绘，要了解花卉的生长规律、组织结构及形象特征，掌握必要的花卉植物常识，细致观察花、枝、蕊、苞、萼、蒂、冠等的生态特点、姿态和形态结构及它们之间的相互关系。在描绘时侧重对花卉生长结构的刻画，既要有整体的描绘，也需要局部细致的刻画。对动物的描绘，要了解动物的特征、形体结构、生活习性和性格特点。人物写生应熟悉和掌握人体的结构、比例和形态，通过取舍提炼对象，着重描绘有利于表现形体结构特征的内容。风景写生应分清主次，表现景物的层次关系。（图3-1~图3-4）

图案写生的方法是多种多样的，只要能达到写生的目的和要求，各种方法都有所长，均可采用。一般常用的方法有以下几种:

（1）素描（明暗）

图案的素描写生方法和绘画素描的原理是一致的，是训练绘画基本功的主要手段。但作为图案写生，不必讲求三大面、五大调子，不过分追求线条、虚实等空间表现，而强调表现对象

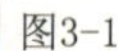
图3-1

图3-2

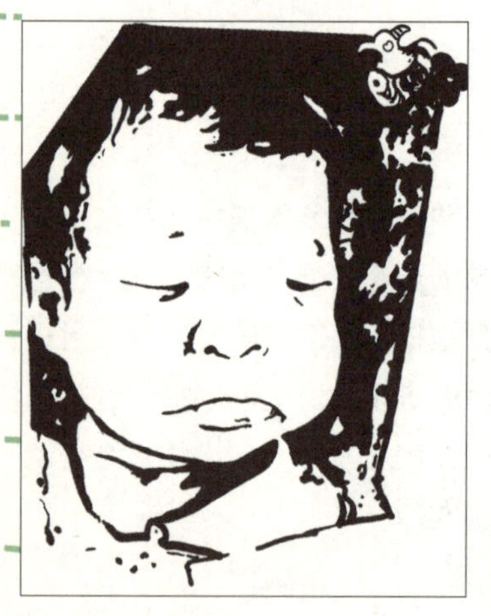
图3-3

图3-4

的结构、大概的体面，做到层次分明、有立体感和生动感。（图3-5~图3-8）

图3-5　图3-6　图3-7　图3-8

图案的素描写生，工具简便，形象层次分明，有一定的真实感和立体感。

（2）线描（白描）

图案的线描写生是依据中国传统绘画，用单线勾勒物象外形及结构特征的方法。既可以描绘物象大的形体，也可以对物象的细部构造进行描绘。运用线质的粗细、浓淡、曲直、刚柔等，准确地表现对象的形态、结构和特点，用线要求严谨、肯定、清晰，讲究轻重曲直。（图3-9、图3-10）

线描写生同中国传统画中的白描相比较，在使用工具上更加自由。可用毛笔、铅笔、炭笔、钢笔、圆珠笔、针管笔等。

图3-9

图3-10

（3）影绘

图案的影绘写生是运用单色（黑色或其他单色）的阴影平涂来表现对象，将物象处理成类似剪纸的形式。影绘着重表现对象的外形轮廓特征和动态特征，舍去细部，形象简练、概括。写生时要选取能集中表现对象形态与神态的角度进行，在表现方法上，能概括、大体地抓住对象的特点，在画面效果上应注意处理形与底、黑与白的关系。（图3-11~图3-14）

影绘写生有利于锻炼和提高敏锐的观察能力、概括的表现能力和提炼取舍的布局能力。描绘工具一般使用毛笔，图案效果概括力强、黑白分明、形象突出。

（4）彩绘

彩绘是以水粉、水彩等颜料对物象进行描绘。它可以准确地刻画物象的形象特征和丰富的光影色彩变化。（图3-15、图3-16）

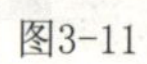
图3-11

图3-12

图3-13

图3-14

图3-15

图3-16

（5）淡彩

图案的铅笔（钢笔）淡彩写生是在线描的基础上对物象进行色彩的渲染描绘。在绘制时先以勾线的方式画出对象的主要部位，再敷施颜色。图案淡彩写生，既能准确、清晰地表现写生对象的结构，又能反映出对象的色调变化，为图案素材的造型和用色提供了较充分的依据。（图3-17~图3-23）

图3-17

图3-18

图3-19

图3-20

图3-21

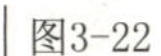

图3-22

图3-23

淡彩写生的工具通常用水彩颜料，也可用水将水粉颜料稀释使用，颜料要求薄而透明，不能覆盖线描。

二、图案的变化

1. 图案变化的目的与意义

图案本身来源于自然，又不同于自然，对自然形象的再创造过程称为图案的变化。将写生的素材进行归纳、变化，去粗存精，扬长避短，将个性化的部分凸现出来，打破自然形态的排列方式，使对象的特点更强烈、更典型，装饰感、形式美感更强。图案变化就是理想的、超然

的艺术形象的美化，是生活与自然的完美结合。（图3-24~图3-26）

图3-24

图3-25

图3-26

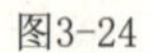

2. 图案变化的方法

图案变化的方法很多，常见的有简化、夸张、几何化、修饰与添加、透叠、分解与重构等。这些方法不是孤立的，运用时需要相互联系，综合运用，有所侧重。

（1）简化

简化即以简约的方式，通过做减法来概括提炼、集中本质、整理归纳，将自然写生素材中不规则的部分规则化，使主题更突出，形象更典型。（图3-27）

图3-27

简化的形态不同于简单的形态，它是将多样的形式组织在一个统一的结构中。具体方法是将图案形象的内部结构特征和外部的形状特征，按照一定的形式法则进行简化和归纳，同时又强调物象的完整性，使其更具艺术感染力。

简化的方式可分为线的简化和面的简化。

线的简化是用线条表现对象的形态特征，线条必须具有力度和表现力。

面的简化是用面表现平面化效果，省略对象的内部结构形态，选取有表现力的角度进行面的描绘。

（2）夸张

夸张是在简化的基础上强调自然形象的特征和个性，夸张的前提是简化，简化的目的是为了更好地夸张变形。将素材简化后，对保留部分的自然物象中最典型、最突出的特征加以强化，使它更为鲜明，更具代表性、装饰性和趣味性，同时增强对象的感染力。夸张手法的运用需要有丰富的想象力，通过追求理想美的图形来弥补现实的不足。

夸张绝不是随心所欲地任意改变，而是要抓住物体的特征进行强化，要特别注意夸张的适度，具体体现在加强形体特征上，在结构、比例、动态上进行改变，以便达到物体形态的统一与完美。例如，植物可以是花形、花姿的夸张；人物、动物可以是某典型部位的特征、形体比例、动态等的夸张变形。

夸张的方式有外形夸张、动态夸张和适形夸张。

外形夸张可以是对象的细节夸张或整体夸张。针对局部细节特征进行夸张变形，或对整体外形进行夸张处理，强调轮廓特征，突出对象特点，强化形象。（图3-28）

图3-28

动态夸张是以对象的动态特征为主，可加强装饰形态的动感，活跃画面氛围。（图3-29）

适形夸张是在固定的空间里，如方形、圆形的空间结构中造就形态。（图3-30）

（3）几何化

几何化是将所描绘的图案的细部归纳为与其近似的几何图形，使具体形象抽象化，如直线形、折线形、弧线形等，但结构形态保持不变。经过这种处理变化的图案简化了形的复杂性，但更具概括力、理性，并且逻辑性更强。（图3-31~图3-33）

图3-29

图3-30

图3-31

图3-32

图3-33

（4）修饰与添加

修饰添加法是将已经提炼、概括、夸张变形处理后的图案形象进行修饰，添加一些具有特征、理想的装饰纹样，使得图案更丰富、更饱满、更具有变化，装饰效果更强。修饰和添加的目的是使图案形象更充实、更具装饰性，同时也可以丰富画面肌理，增添画面情趣、体现作者的个性特点。在保持原形态特征的前提下，可以在图形中添加与物象本身的有关或无关的纹样，也可以添加抽象的点、线、面。修饰添加内容可以自由组合，不受形体和结构的约束，给人以更美的装饰效果，更具想象力。（图3－34、图3－35）

图3-34

图3-35

添加的方法可分为添加自然形态和添加主观设想。

添加自然形态是在图案形态中添加客观对象本身的内容，如自然纹理、结构，丰富对象的图形内容。（图3－36、图3－37）

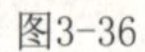

图3-36

图3-37

添加主观设想是以审美为特征，添加不属于物象本身的内容，如抽象形态或另一种事物。（图3－38~图3－41）

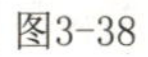
图3-38

图3-39

图3-40

图3-41

（5）透叠

透叠方法是将不可见的现实图像变成可见的想象图像，即将画面中看不见的背面部分也表现出来，使物体双方的轮廓得以完整展现。透叠手法模糊了形与形的前后关系，拓展了图案在平面化的领域里的发展空间，使图案形态本身更完整，也使画面产生了更多的变化。（图3-42）

图3-42

（6）分解与重构

分解与重构是将自然形象分解、打散成某些局部或若干部分，改变原来的组织形式，再利用并列、透叠、重复、错位等方式重新组合，从而产生新的有意义的图形。再创造的形象来源于自然又超越自然本身，构成画面新的格局形式。

分解与重构的方式分为形态分解与重构和画面分解与重构。

形态分解与重构是将形象结构解体成若干部分，重新构成新的、打破常规的对象。（图3-43）

图3-43

画面分解与重构是将画面进行分解、切割，再进行错位的重新排列。（图3-44）

图3-44

第二节　图案造型的形式法则

一、变化与统一

自然界中的物种丰富多彩、千变万化，每个物种都有各式各样的外貌。（图3-45~图3-48）

蝴蝶有变幻奇丽的色彩和多样的形状，但它们都拥有特征统一的外形。（图3-49~图3-51）

图3-45

图3-46

图3-47

图3-48

人类具有区别于其他物种的固有特征，而每一个种族又有各自的体形、相貌和肤色特点。每个人面目各异，但形态结构却是统一的，人还可以通过服饰和动作的一致性实现群体的统一。宇宙中不同物种的物体都有其共同的特征和个体的变化。变化与统一的形式法则存在于自然界中的一切物种中。

图3-49

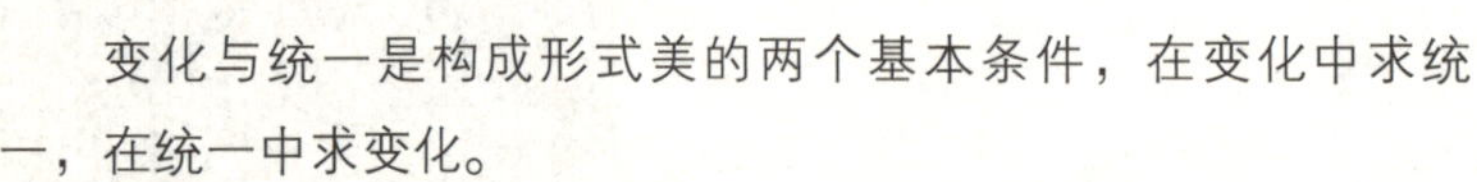

变化与统一是构成形式美的两个基本条件，在变化中求统一，在统一中求变化。

变化：是指图案的各个组成部分的差异。图案中的点、线、面的大小形状、色彩性质、表现技法等都是构成画面的重要因素，如何恰当地组织处理好这些关系，更好地表现其艺术效果，是图案变化的目的。

图3-50

统一：是指图案的各个组成部分的内在联系。将变化进行有条理的管理、制约，使图案主题突出，具有鲜明的秩序感。

作为一个完整整体中艺术形式的两个对立面，缺乏变化将产生单调枯燥的感觉，缺乏统一则杂乱无章，令人产生混乱的感觉。变化的前提必须是在一个统一的画面中，其中的各个组成部分在形式上存在区别和差异性。统一必须在多样形式之间具有相互联系、相互衬托的关系。例如将形态各异的物体安排在同一水平面上，或将丰富多样的对象处理在同一色调中。

变化与统一相互依存，相互制约，图案设计就是在统一的约束下变化，在变化的基础上统一，在变化统一中充分展示图案的审美价值。（图3-52~图3-55）

图3-51

图3-52

图3-53

图3-54

图3-55

二、对比与调和

对比与调和是自然界中随时随地存在的生态现象，紫花在黄花中的强烈色彩反差，由极为相似的花叶外形达到调和。黑白差异很大的母子马，以它们共有的体貌特征和内在的亲缘构成了和谐。（图3-56、图3-57）

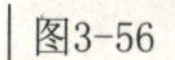

图3-56

图3-57

白昼与黑夜、生与死、火与水、新与旧，许许多多性质截然相反的状态通过一定的调和方式共同存在于一个事物之中，相互依存、相互衬托。

对比是通过强化画面的各要素之间的矛盾关系而存在的。通过差异性的组合比较，形成各种变化，以取得强烈、突出的视觉张力。利用各种不同的对比形式，可以建立画面的层次感和视觉重点。对比的表现形式可以是造型方面、构图方面、色彩方面、质感方面或感觉方面的，例如形的大小、长短、曲直、粗细等，构图上的虚实、聚散等，色彩的冷暖、明暗、强弱等，质感的软硬，画面感觉的动静、刚柔等。

调和是建立画面的统一感，将对比的矛盾缓解，使画面倾向于安静、平缓。调和的表现形式主要是加强和减弱，从画面的整体出发，突出画面的主要形，淡化次要部分，使各部分的关系在视觉上产生一种和谐感。

对比与调和是相对而言的，过于强调对比，画面容易显得突兀、刺激，过于调和则容易感到枯燥、沉闷，在图案设计中只有把握对比与调和的程度，才能更好地展现画面中变化则统一的视觉美感。（图3-58~图3-61）

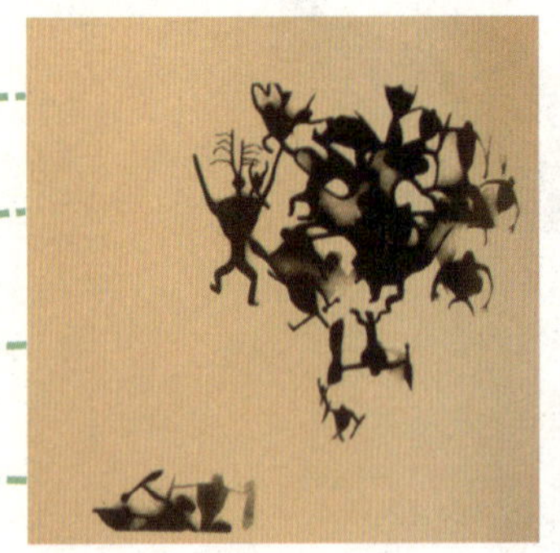
图3-58

图3-59

图3-60

图3-61

三、对称与均衡

大自然中的众多生物都有着对称的结构，如植物、动物、人物等。（图3-62、图3-63）

人类对对称的形式有着天然的亲近感，并创造了无数具有对称形式的物体，如：建筑、器物、家具等。（图3-64、图3-65）

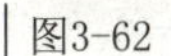
图3-62

图3-63

图3-64

图3-65

均衡也叫平衡，它体现了自然界中生物的动态形式，植物的生长、动物人物的运动及各类物种的生态共存，均表现为一种平衡状态。（图3-66、图3-67）

图3-66

图3-67

对称与均衡是图案形式法则中体现平稳量感的两种形式。

对称是以中心点或中心线为中心，在左右、上下、对角成等量等形的图案。构成图案两边的造型元素在数量、比例、形态、色彩等方面的配置相同。在自然界中，对称的造型结构有很多，例如昆虫的翅膀，植物的叶子和花瓣等。对称的形式具有强烈的稳定感、整齐感、庄重感和统一感。运用对称原则的图案造型，能使图形产生平稳、宁静的视觉效果，表现出视觉力的统一平衡。但要注意的是，绝对对称的画面缺乏变化，容易产生拘谨和单调感。

均衡的图案不受中心点或中心线的约束，形体两侧不必完全等同，但在量上大体相当，形成同量不同形的视觉平衡形式。通过画面动势的稳定性，取得心理和视觉上的平稳感受，力求画面在运动中的平衡。它没有对称的造型结构，但有对称式的视觉重心。均衡的图案造型，可使对象的位置、大小形状、动势、明暗色彩等方面更生动，以避免拘谨和刻板。（图3-68~图3-71）

图3-68

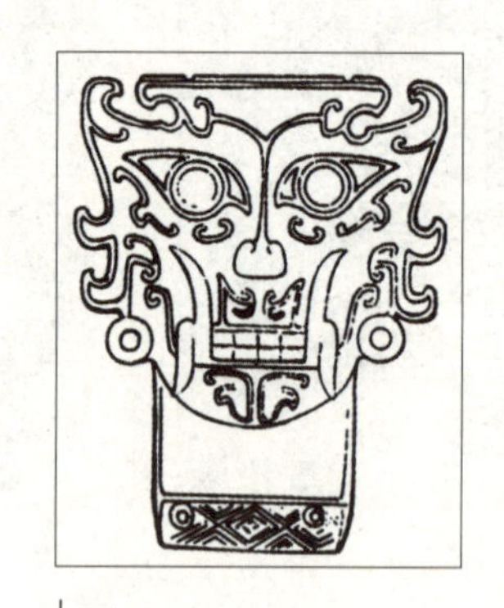

图3-69

图3-70

图3-71

四、节奏与韵律

节奏是秩序在时间、空间上的节律。图案造型中的节奏是指图形有规律地反复、变化、运动所产生的律动关系。例如形态的反复组合，有规律地渐变等，能使画面形成不同的节奏感。

韵律是指节奏之间反复转化时形成的特征，将画面中的单位要素呈现出有规律的周期反复，使欣赏者的视觉随着这种周期反复的起伏变化产生或轻快或缓慢或激烈的心理感受。韵律能增强图形的感染力和生命力，开阔艺术的表现力。（图3-72~图3-76）

图3-72

图3-73

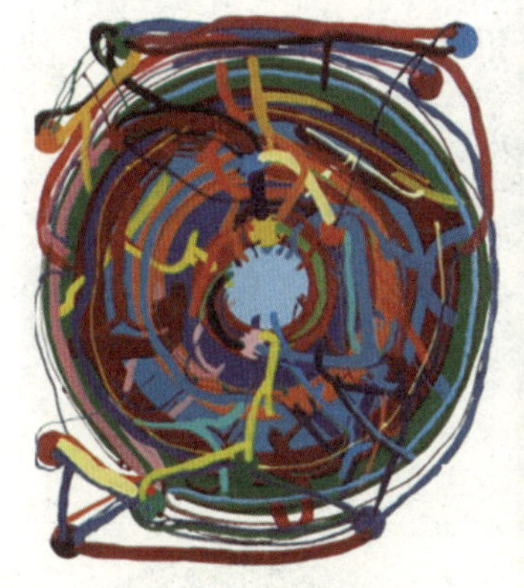

图3-74

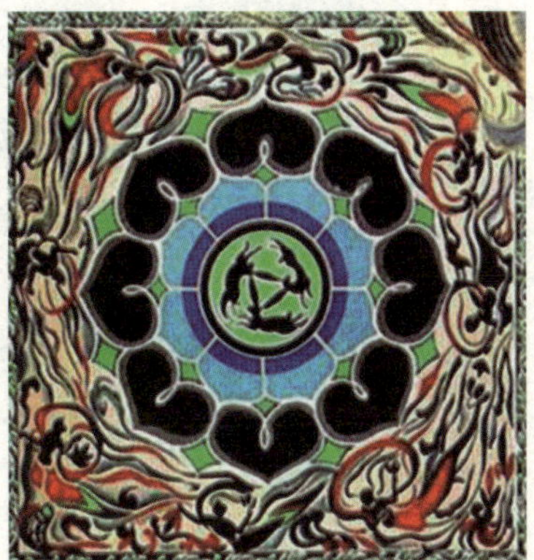

图3-75

图3-76

五、条理与反复

自然界中的万物看似繁杂纷乱，实则井然有序，从植物的生长、构造到动物的皮毛斑纹，以及田园的分布、山峰的脉络等，只要细细观察，随时可以发现它们极具规律性、秩序化和循环反复的美。（图3-77、图3-78）

图3-77

图3-78

条理与反复既是万物生长的固定形式，也是图案组织的重要形式。条理和反复是使图案构成秩序美的重要因素。有条理的反复图案，能产生有节奏的统一韵律美。

条理是指将自然中杂乱无章的物象进行有规律的组织与安排，使之具有秩序感。条理所形成的图案层次分明、有条不紊、庄重严整、规律性强。

反复是指单位形象的连续排列，产生整齐、有节奏的韵律感。（图3-79~图3-83）

图3-79

图3-80

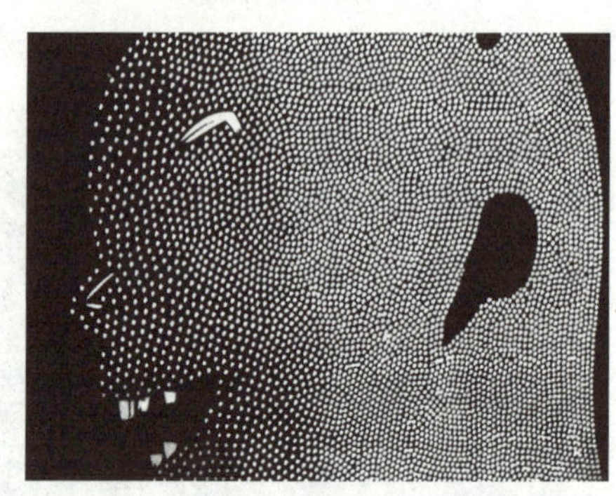

图3-81

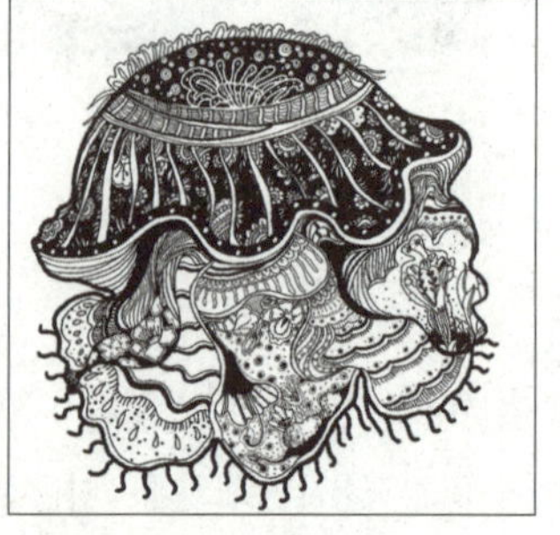

图3-82

图3-83

思考与练习

思考题

1.理解图案的写生与变化的关系。

2.图案写生有哪几种方法？并简单说明其各自特点。

3.图案变化有哪几种方法？并简单说明其各自特点。

4.收集优秀的图案图例，分析其如何运用形式美法则？

作业

1.对各种花卉进行多角度写生，在写生稿的基础上进行简化、夸张、添加等变化。

2.描绘大自然的丰富景象并进行艺术夸张和变形。

3.运用拟人、夸张的手法进行动物的写生与变形创作。

4.确定人物题材进行写生与创作。

作品示例

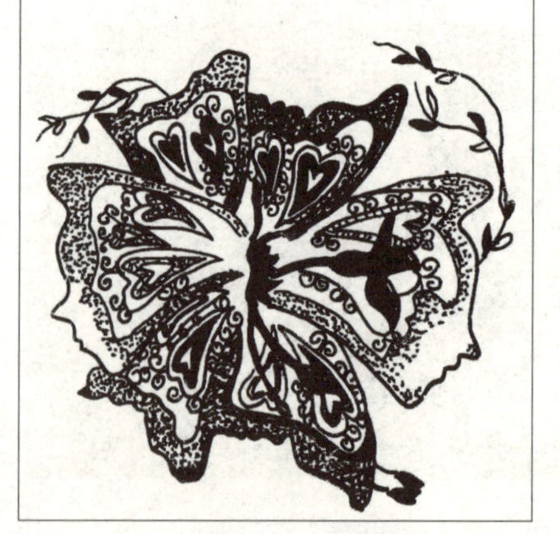

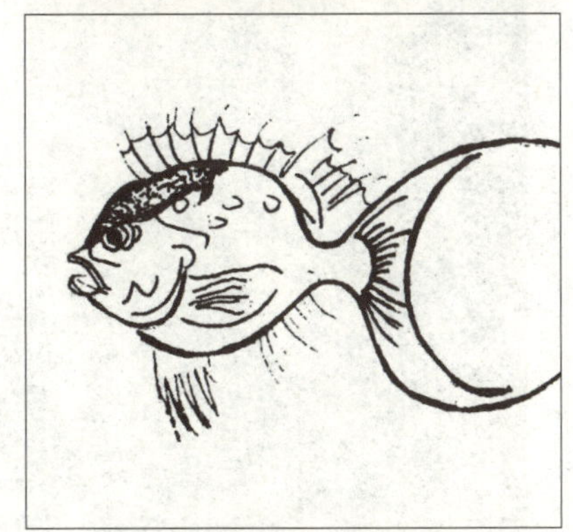

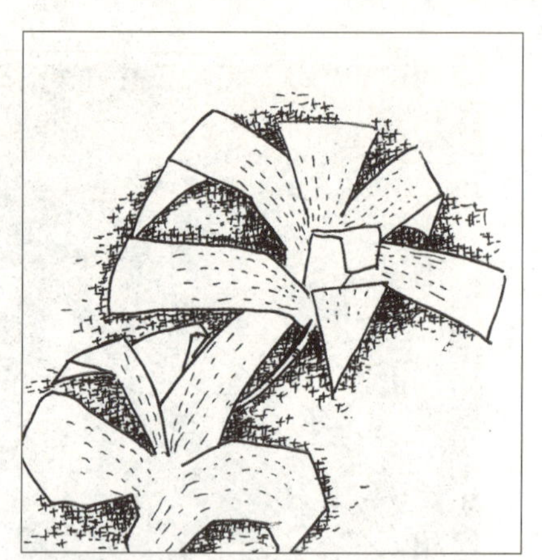

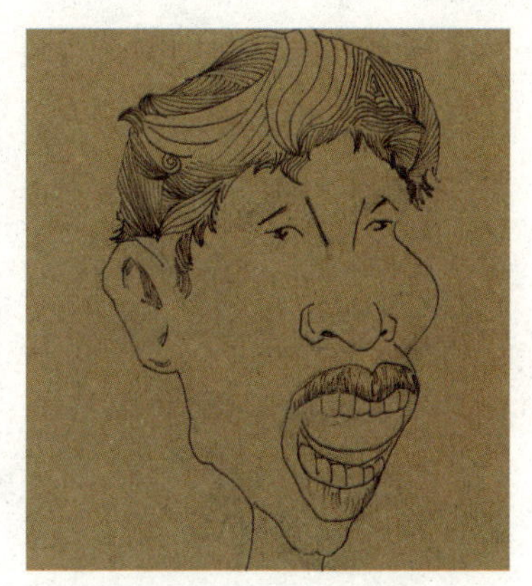

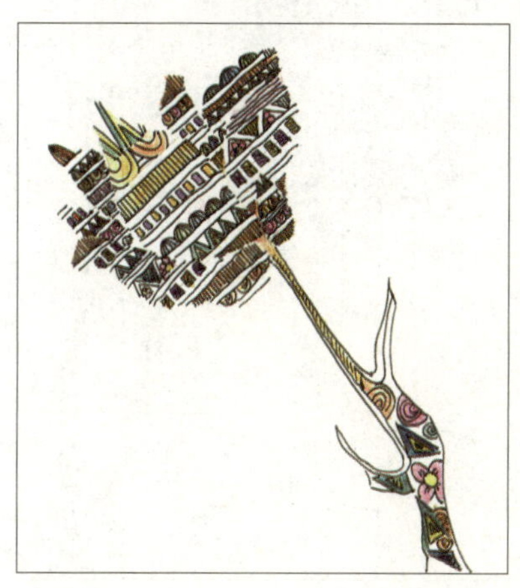

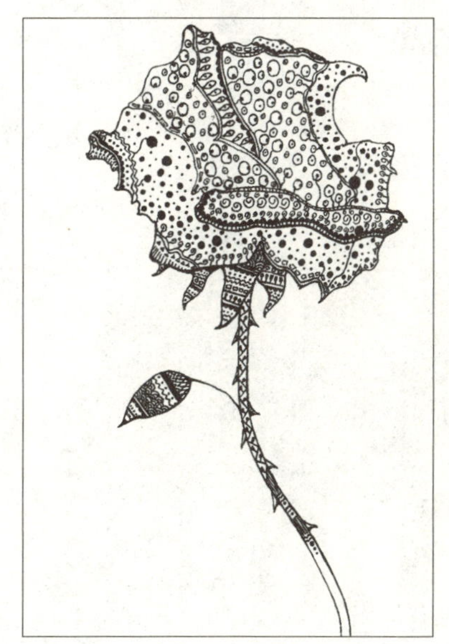

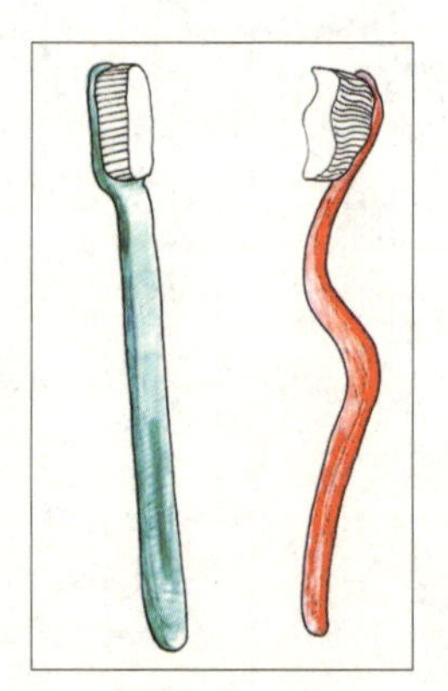

HIDDEN
CREEK

第四章　图案的组织构成形式

课程目的

认识并熟练掌握图案的组织构成形式，具备图案装饰设计的基本功，能进行综合运用。

课程提示

图案的组织构成形式反映了图案的规律性和程式性特点，学习图案纹样的组织规律和骨架结构，有利于图案在实际生活中的有效应用。

课程要求

掌握图案的基本组织形式及骨架构成方法。

熟悉图案运用的具体表现形式。

图案造型本身是比较自由和多样化的，但由于图案所应用的装饰物有着特定的造型、功能和工艺技术，使得图案纹样必须具有一定的规律性和程式性来符合这个装饰物，因此，对于不同的装饰物就需要采用不同的纹样构成方法。归纳起来，图案纹样的构成形式可分为：单独纹样、适合纹样和连续纹样。

第一节　单独纹样

单独纹样是图案组织的最基本的单位，纹样结构上比较自由，自身具有独立性和完整性。在形态上要求结构严谨、造型完整、外形独立。在图案装饰中，单独纹样占有很重要的地位，它可作为组织其他纹样的单位纹样，是构成适合纹样和连续纹样的基础。从构成形式上看，单独纹样可分为对称式和平衡式两种。（图4-1、图4-2）

图4-1

图4-2

一、对称式

对称式又称均齐式，是以中轴线和中心点为依据，在固定的中轴线和中心点的左右或上下两侧设计等形、等量、等色的纹样。对称式纹样具有庄重、安定感。（图4-3~图4-5）

图4-3

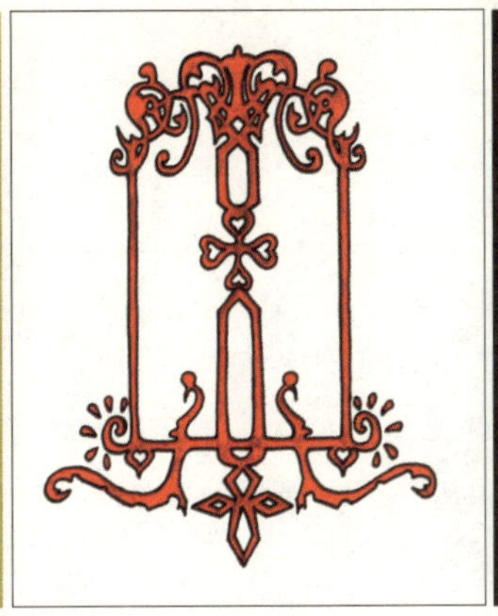
图4-4

图4-5

二、均衡式

平衡式又称均衡式，是不受轴线制约、自由地进行组织安排的图案纹样，要求纹样在空间动态上体现异形同量的平衡感，即量与力的平衡。平衡式的单独纹样没有固定格式的限制，但要求纹样的组织排列保持画面的稳定性，是通过视觉在心理上取得平衡感，纹样具有自由、活泼、生动的特点。（图4-6~图4-8）

图4-6

图4-7

图4-8

第二节　适合纹样

适合纹样就是在一定的外形范围内组织与之相适应的独立完整的纹样。适合纹样的组织要求纹样本身要与特定的外形相适应，结构严谨、构图完整，形象与空间舒展匀称，同时，外形与纹样内容保持一个有机的整体。由于受到特定的形状限定或特定的形式要求，适合纹样常用于建筑装饰、陶瓷设计、服饰设计、工业产品设计和各种工艺品设计之中。特定的形态和规格限制了纹样的基本形式，依照形态结构的不同，适合纹样可分为形体适合、角隅适合和边缘适合 。

一、形体适合

形体适合是把图案纹样组织在一定的形体轮廓中，是最基本、最主要的一种装饰纹样。形体适合纹样的外形可以是几何形和自然形。几何形有方形、圆形、三角形、多角形等；自然形有扇形、花形、鱼形等。

形体适合的组织形式有对称型、平衡型、旋转型、聚散型和综合型。（图4–9）

①对称型

对称型是在形体结构范围内，以中心为基准作等形等量的纹样设计，纹样结构严谨、稳定。（图4–10、图4–11）

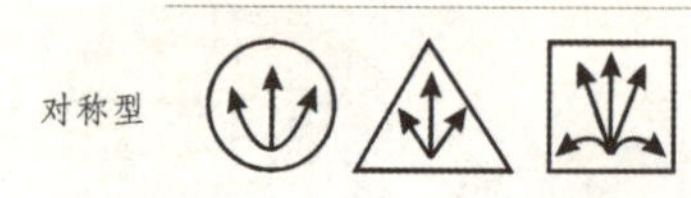

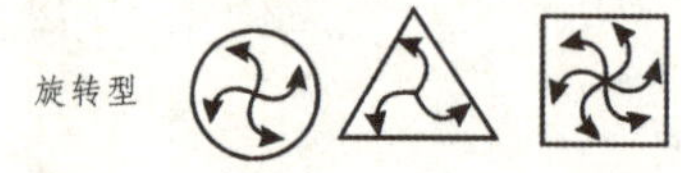

图4-9

图4-10

图4-11

②平衡型

平衡型纹样比对称型更加活泼和自由，更富创造活力。（图4–12、图4–13）

图4-12

图4-13

③旋转型

旋转型是以中心点为轴心作顺时针或逆时针的旋转，骨架构成舒展，动态感强。

④聚散型

聚散型同样是以中心点为轴心，作向外扩散或向内聚拢的纹样变化。其纹样组织节奏感强，具有明显的方向感。（图4-14、图4-15）

图4-14

图4-15

⑤综合型

综合型是将两种或两种以上的组织形式加以综合运用的纹样。（图4-16~图4-18）

图4-16

图4-17

图4-18

二、角隅适合

角隅适合也是适合纹样的一种。它常装饰在各种形体的转角部位，所以也叫“角花”。如建筑装饰及纺织品等的转角部位的装饰设计。角隅适合的组织形式可分为对称型和平衡型两种。（图4-19、图4-20）

图4-19

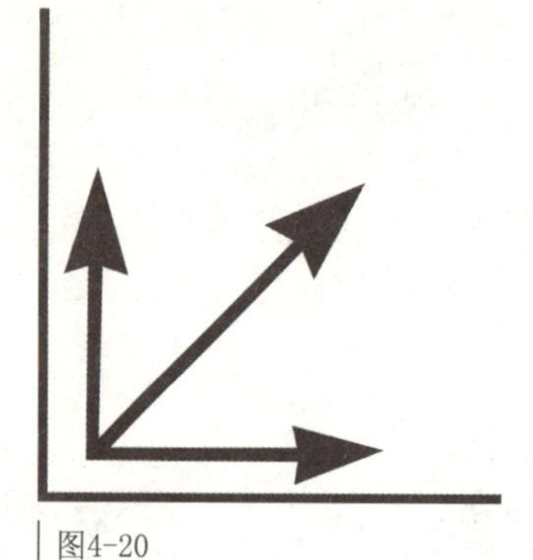
图4-20

①对称型

对称型是在转角范围内，以中心线为基线作左右两侧的相同纹样设计，纹样规则严谨，整体感强。（图4-21）

图4-21

②平衡型

平衡型是在转角范围内均衡、自由地设计纹样，纹样形式生动活泼。（图4-22）

图4-22

三、边缘适合

边缘适合也属于适合纹样的一种，它是围绕特定形体，如方形、圆形、三角形、多边形等的周边进行装饰的纹样组织设计。边缘纹样的构成呈现出相对封闭的状态，要求纹样在适应外形的同时独立完整。常用于美化物体的边缘，如相片框、画框、镜子、书籍封面、服装、地毯等的装饰。（图4-23~图4-25）

图4-23

图4-24

图4-25

第三节 连续纹样

连续纹样是指以单独纹样为基本单位，按照一定的排列依据和规范，有规律地做重复循环排列，构成无限连续性的纹样。连续纹样的组织形式有二方连续和四方连续两种。

一、二方连续

二方连续是一个或一组纹样单元的两方延伸，即以一个纹样或由两三个纹样组合成的一组单位纹样，向左右或上下两个方向有条理地重复连续排列而构成无限连续性纹样。纹样题材常以花卉图案和几何形为主，常用在建筑墙边、门框、服装、纺织、器物等的边饰上。

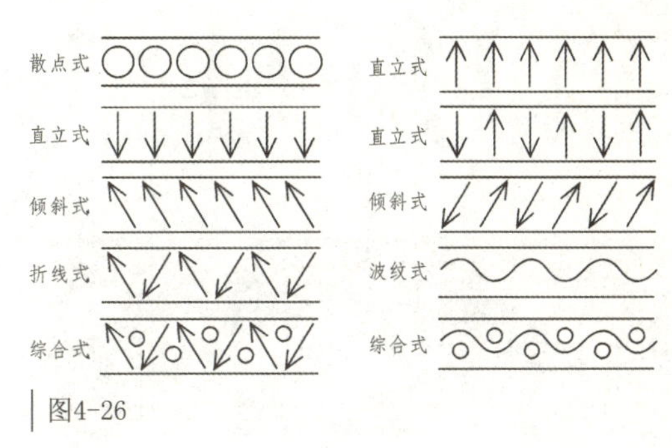

图4-26

二方连续纹样具有连续性、重复性和循环性，其组织形式包括散点式、直立式、倾斜式、折线式、波纹式和综合式。（图4-26）

①散点式

散点式是以一个或几个点形的形象为单位纹样做横向或纵向反复连续排列构成。纹样排列呈一个个的散点状，互不相连。（图4-27~图4-29）

图4-27

图4-28

图4-29

②直立式

直立式是以上下垂直的方向做横向或纵向反复连续排列构成。（图4-30~图4-32）

③倾斜式

倾斜式是以倾斜线方向做横向或纵向反复连续排列构成。（图4-33~图4-35）

④折线式

折线式是以折线衔接的骨架为依据连接单位纹样。（图4-36、图4-37）

⑤波纹式

波纹式是以波浪线为骨架在两侧安排连续的形象。（图4-38~图4-40）

⑥综合式

综合式是将以上组织形式配合使用，用两种以上的形式相互结合，产生丰富多样的构成形式。如散点式和波纹式的结合、散点式与折线式的结合。（图4-41~图4-43）

图4-30

图4-31

图4-32

图4-33

图4-34

图4-35

图4-36

图4-37

图4-38

图4-39

图4-40

图4-41

图4-42

图4-43

二、四方连续

四方连续是一个或一组单位纹样按比例的四方延伸。它是以一个纹样或由几个纹样组成的一组单位纹样向上、下、左、右四个方向，作反复排列而构成的图案纹样。由于它具有四个方向无限连续扩大的特点，因此适合于建筑壁纸、墙砖的图案设计、包装纸设计、印染花布设计、地板设计等方面。

四方连续的组织形式包括散点排列、连缀排列、重叠排列。

①散点排列

散点排列是将一种或数种单位纹样作分散、不连接的点状排列。由于排列方式比较规整，容易造成呆板的视觉效果，所以在造型上要注意单个纹样的生动性。在骨架结构上，由于骨架过于整齐单一，因此在纹样衔接上，要注意避免出现过大的间隙，造成视觉上的不连贯。（图4-44~图4-47）

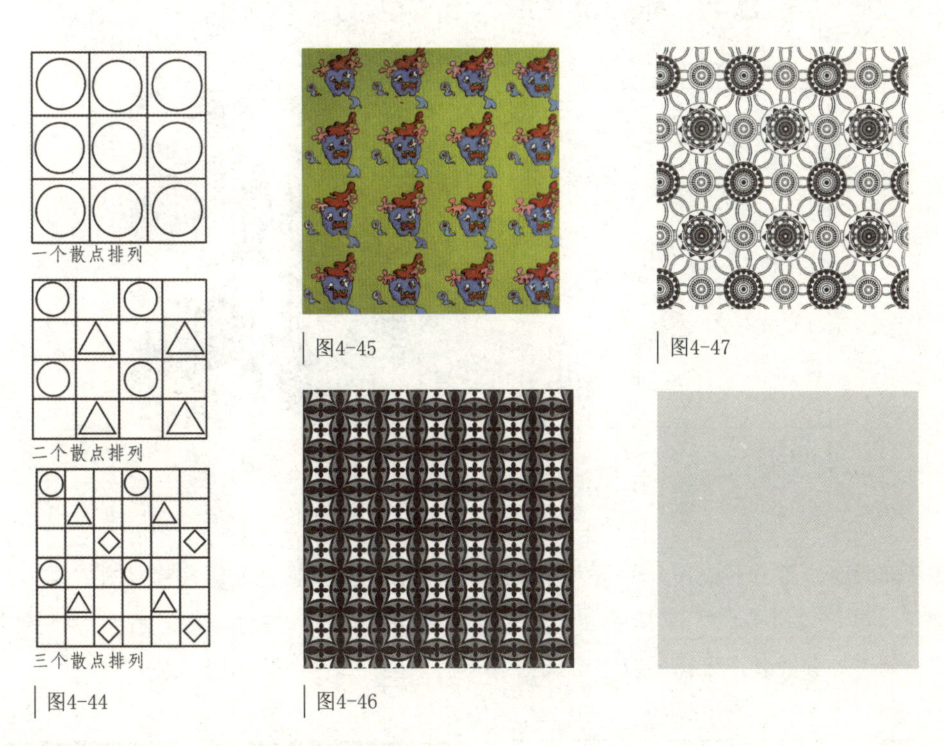

图4-44

图4-45

图4-46

图4-47

②连缀排列

连缀排列是在特定的单位面积内，进行纵横参差排列，单位纹样之间相互穿插衔接。连缀排列的组织形式主要有菱形连缀、波形连缀、梯形连缀等。

菱形连缀是以菱形作为基本骨架，在画面范围内进行菱形结构分割，将纹样直接填充在菱形内。画面效果完整，图形灵活，具有良好的装饰效果。（图4-48~图4-50））

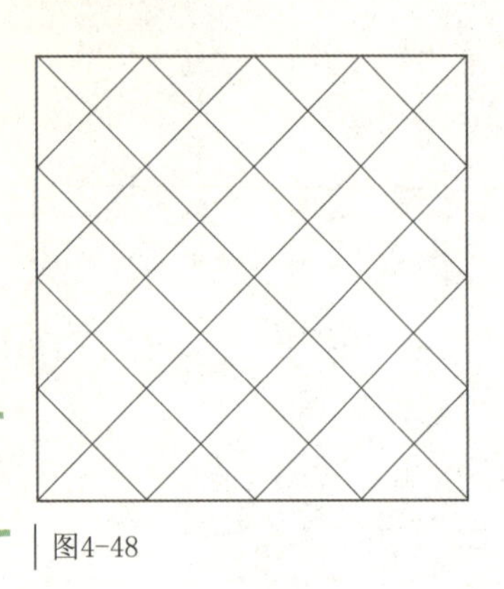
图4-48

图4-49

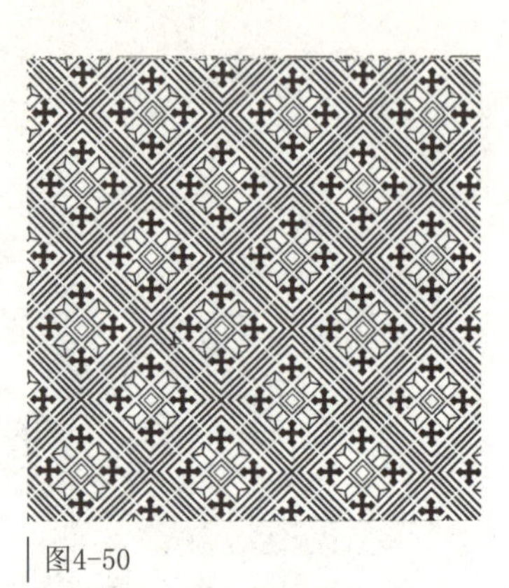
图4-50

波形连缀是以波浪状的曲线为基础构造的连续性骨架，纹样结构流畅柔和、典雅圆润。可以是以一个单位纹样进行连续，周围辅以曲线衔接，或是以同一方向的波形图形连缀。波形连缀纹样在视觉上具有连贯性，图形灵活多变。（图4-51、图4-52）

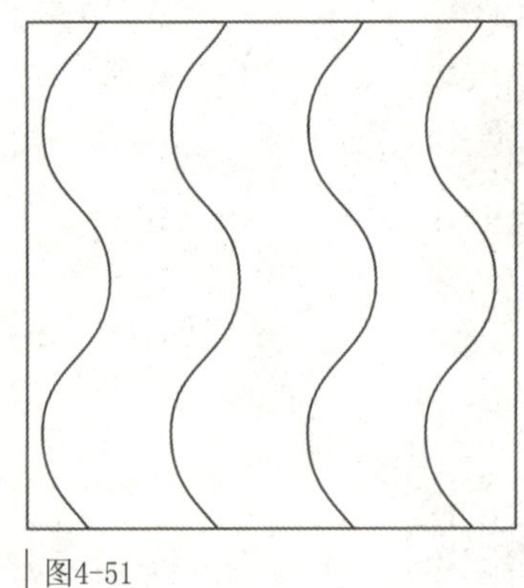
图4-51

图4-52

梯形连缀是以正方形或长方形作为基本骨架，骨架间呈阶梯状的循环错接方式排列，错接的比例可以是1／2错接、1／3错接、1／4错接。由于纹样的单独性，在进行设计时要注意在骨架空白处添加其他装饰纹样，以丰富视觉效果。（图4-53~图4-55）

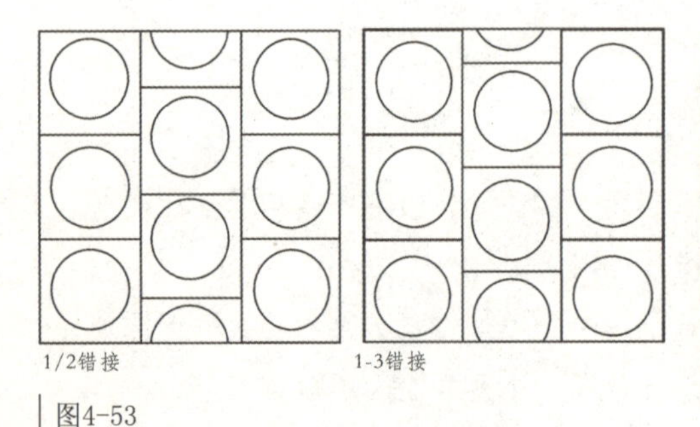

图4-53

图4-54

图4-55

③重叠排列

重叠排列是将两种以上的纹样结合排列。在一种纹样上叠加另一种纹样，这样的图形组织变化丰富，结构相互穿插，但要注意排列的纹样内容主次分明，避免重叠时层次混乱。其方式可以是散点排列和波形连缀的结合、散点排列和菱形连缀的结合等。（图4-56~图4-59）

图4-56

图4-57

图4-58

图4-59

思考与练习

思考题

1.请简述图案纹样的构成形式有哪几类？

2.请简述单独纹样包含哪几种？

3.请简述适合纹样包含哪几种？

4.请简述连续纹样包含哪几种？

作业

单独纹样、适合纹样、连续纹样的练习。

作品示例

第五章　图案的装饰表现技法

课程目的

学习图案的装饰技法，培养装饰审美素质、创新与设计思维能力、装饰语言与表现能力，为设计实践做准备。

课程提示

把握图案的装饰技法产生的手段美、制作美，注重技法的拓展和创造，提升装饰艺术的感受力和表现力。

课程要求

熟练掌握图案的各类表现技法。

熟悉各类材料在装饰技法中的运用。

第一节　图案的黑白装饰表现技法

图案的表现形象是传递信息的一种视觉语言，在形象变化中，确立形象并呈现出实际的效果是图案装饰的根本，要使图案表现在传递信息的同时又能更生动地符合视觉艺术，就需要通过技法的表现来达到。任何优美的图案装饰，都少不了那些自由随意的点，表现运动和速度的线条及平整协调的块面。点、线、面的三种形式，是构成视觉形象的基本造型要素，也是表现图案形象的重要手段。

一、点绘法

点是图案形象设计中经常使用的一种表现手法。作为装饰造型的点是各种各样的，如圆点、方点、三角点和任何其他自由形态的点，不同形状的点能产生不同的装饰效果。在描绘表现中，点通过疏密、聚散、秩序等多种排列方式使图案呈现出活跃、生动、节奏感强的装饰效果。例如点的伸展延续能产生粗细不一、深浅程度不同的线，点的多向延续能产生透气的面。点所形成的形象能使我们产生丰富的想象，增加画面的活泼性、空间性，丰富物象的层次和表现力度。（图5–1~图5–3）

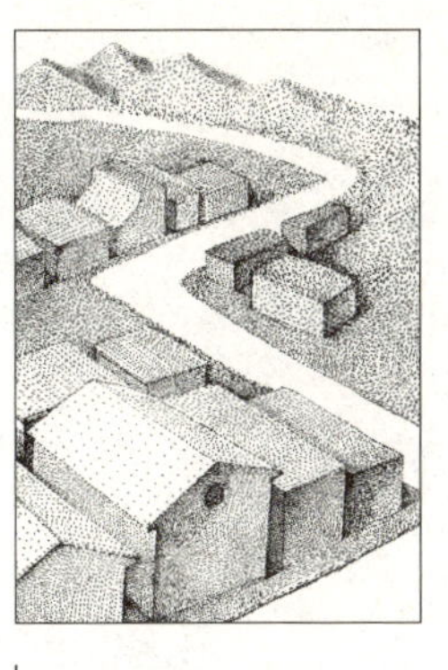

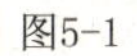

图5-1

图5-2

图5-3

二、 线描法

线条在画面中的应用具有很强的概括性和表现力。不同的线条有着不同的情感，如轻重缓急、纤细流畅的曲线，平和寂静的直线，运动速度的斜线，厚重粗笨的粗线等，将不同的线条作规则或不规则的组合处理可以形成各种形状和结构，产生各种画面效果。根据图案的装饰需求，将线进行组织穿插，能给画面的节奏带来不同的对比效果。（图5-4~图5-7）

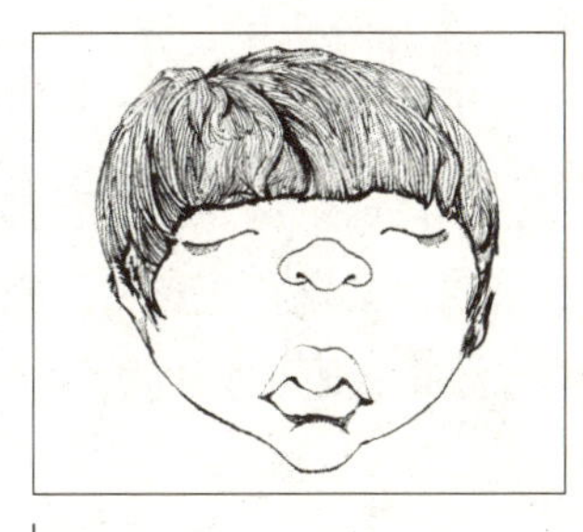

图5-4

图5-5

图5-6

图5-7

三、块面法

块面在图案形象表现中，具有醒目、平均、重量等视觉感。不同形态的面在视觉上有不同的作用和特征。规则的块面显得简洁、明了，自由的块面显得轻松、生动。块面的表现可以是剪纸般的影绘手法，也可以是运用光影变化的明暗手法。（图5-8、图5-9）

四、点、线、面综合表现

在图案设计中，需要处理好图与底的关系，通过黑白、大小、聚散、虚实等手法突出图形，展示图形的丰富层次。运用点、线、面结合的手法，可以起到强烈的互相衬托的作用，对

于点、线、面不同的处理手法，形成了不同的肌理对比，丰富了图案的表现力，使得画面更加稳定和谐。（图5–10~图5–13）

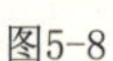
图5-8

图5-9

图5-10

图5-11

图5-12

图5-13

第二节　图案的色彩装饰表现技法

图案的各种装饰变化，决定了其色彩的丰富性。被装饰物的差异性，同时又决定了其装饰色彩表现的多样方式。选择不同的方式，对装饰物画面的效果会产生直接的影响。任何好的图案构型，只有找到适合的表现方式，才能使图案更完美。了解和掌握图案色彩的多样表现方式，可以帮助我们探讨和发展属于自己个性的表现形式。

一、表现技法的材料和工具

在掌握图案色彩的表现技法之前，我们必须首先熟悉图案绘制所需要的基本工具。图案制作过程中采用不同的工具材料会使图案的形态、质感等因素具有不同的表现效果。概括来说，传统的工具材料包括纸张、颜料、绘图器具等。纸张包括素描纸、水彩纸、卡纸、瓦楞纸、铜版纸、宣纸、色卡纸、高丽纸等。这些纸张由于具有不同的质感和吸水性能，在制作过程中可以产生不同的肌理效果。颜料包括水彩颜料、水粉颜料、丙烯颜料、油画颜料、彩色墨水等。绘图器具包括毛笔、油画笔、油画棒、色粉笔、针管笔等。另外，在制作中还可以借用一些绘制工具和加工器具，如各类尺、圆规、喷枪、剪刀、锉刀等。

传统的制作材料会给人带来亲切的感觉，另外一些特殊材料、新材料的使用，则会使图案的色彩表现更丰富。例如海绵、牙刷、金属网、棉麻、木材、胶水等，各类材料的表现手段大大加强了图案的表现力，能创造出更富现代意识和视觉效果的作品。

二、表现技法的分类

归纳起来，图案的色彩表现技法大致可归纳为以下几种，这些表现技法是图案创作中较常用的，但并不能涵盖全部的技法内容，还需要我们在实践学习中继续发现和完善。

1. 平涂法

平涂法是图案色彩表现中最常见的一种方法，纯粹以色块来描绘物象，具有单纯美。平涂法是在完成的构图中将调均匀的颜色平涂在图形内，通常需在草图上预先设计好整个画面的色彩基调，再将调好的颜色转移到正稿上。平涂的方式可以是厚涂法或薄涂法。厚涂法调配的颜色较为浓稠，有较强的色彩覆盖力，适合表现强烈浓重的色调，色彩对比强烈，画面艳丽、华贵、富有生命激情。薄涂法调配的颜色相对较为稀薄，色彩覆盖力较弱，适合表现清新淡雅的色调。（图5-14~图5-16）

图5-14

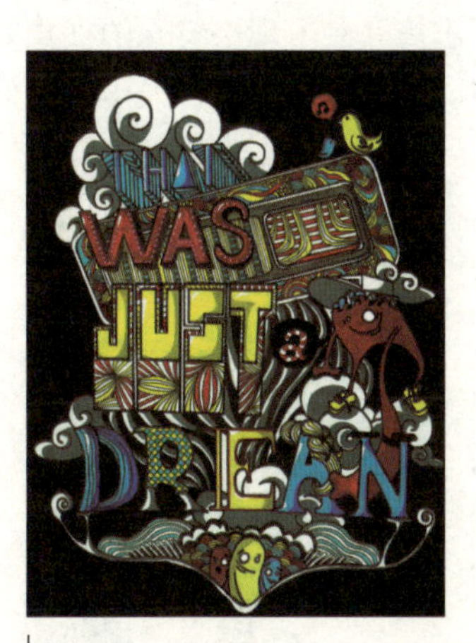

图5-15

图5-16

2. 喷绘法

喷绘法是利用喷笔喷涂画面形象的一种表现技法。一般有两种制作方法：一种是将画面色彩整体喷涂，色彩的颜色倾向依据画面的整体色调而定，形成统一的冷暖关系；另一种是依据物象不同的色彩分别喷涂。喷涂前需要剪出不同的物象外轮廓覆盖在画面上，使物象呈镂空状而其余部分被遮挡，再喷涂颜色，依此方式逐步喷涂局部物象色彩并覆盖画面其他部分，直至完成画面。喷涂法需要使用喷笔气泵等工具来喷绘图形，可以产生细腻、柔和的色彩效果。缺少此类工具的可以用牙刷或毛质坚挺的排笔等简单工具来喷绘。方法是先用牙刷或排笔蘸取适当颜料，在用手指或硬物拨刮毛刷部位，使颜料以点状喷洒在画面上。毛刷上蘸取的颜料越多，喷出的点子越大；毛刷上蘸取的颜料越少，喷出的点子越小。这种方法能产生大小不同的点。喷涂法产生的画面效果柔和、细腻、朦胧，有一种雾状的视觉效果。（图5-17~图5-20）

图5-17　图5-18　图5-19　图5-20

3. 烟熏法

烟熏法是用烟火熏烤纸张的表面，产生细腻均匀、有流动感的烟熏变化，在烟熏过程中会出现自然的破损形态，呈现出意想不到的效果。烟熏之前可先在纸张表面粘附其他材质，再将纸张整体熏烤，纸张上的材质经熏烤后会呈现出特殊的视觉效果。在制作烟熏效果的图案设计时，应将烟熏的技法和手绘图形的方式结合使用，以手绘图形的方式绘制图案的主要形体，烟熏效果起到点睛衬托的辅助作用。（图5-21~图5-23）

图5-21

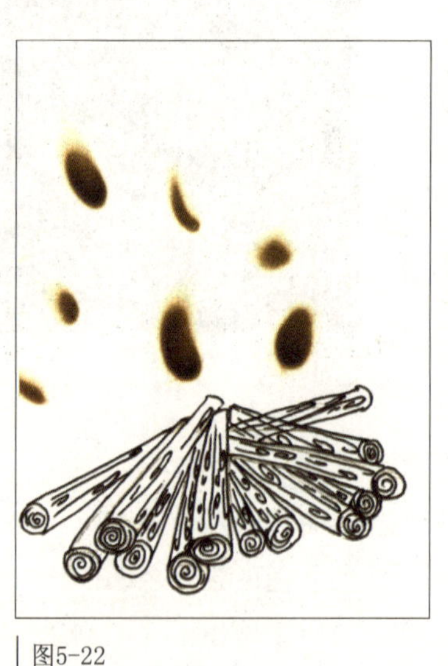

图5-22

图5-23

4. 拼贴法

拼贴法是以现成的彩色照片、画报、图片等出版物在预先设计好的图形中进行对照粘贴。将现有的彩色图片通过剪裁、手撕的方式制成形状各异的碎片，碎片形态依照画面的图案造型、色彩而定。裁、撕出的碎片要求形式感统一，形态完整，不可过于琐碎凌乱，以保证画面的整体效果。（图5-24~图5-27）

图5-24

图5-25

图5-26

图5-27

5. 晕染法

晕染法是借用工笔画设色的一种表现技法，用同种颜色或不同颜色晕染出深浅不同的画面效果，由于颜色间不同的明暗变化，使图形具有明显的层次感。方法是先用一支笔蘸取颜色涂于图形的轮廓结构上，再用另一支笔蘸取清水，洗染之前未干透的颜色，使颜色自然过渡均匀。晕染时可以先在白色的纸上染出轮廓结构，再整体罩底色，或在图好底色的基础上晕染形体。晕染的另一种方法是直接用一支笔蘸取饱含水分较多的一颜色涂于图形上，在颜色未干之前，再用另一支笔蘸取另一种颜色，使颜色之间自然过渡。晕染法的画面层次柔和，色调清新淡雅，类似淡彩的画面效果，图案形象含蓄，变化微妙。（图5-28~图5-30）

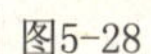
图5-28

图5-29

图5-30

6. 吸附法

吸附法是将墨汁、水粉颜料、水彩颜料、油画颜料等色料稀释后滴入水中，让其自由浮动于水面上，或适当搅拌成自然的流动纹样，在颜料和水还未完全混合在一起的时候，将宣纸或吸水性强的纸覆盖在水面上，吸附水上的颜色浮纹，最后将粘有浮色的纸晾干即可。吸附法呈现的画面效果较为随意，无固定的图形轮廓结构，色彩自然，是任何手绘方法都无法达到的。在设计图案造型时，一般以吸附法制作画面底色，以绘制图形为主要画面结构。（图5–31~图5–33）

图5-31

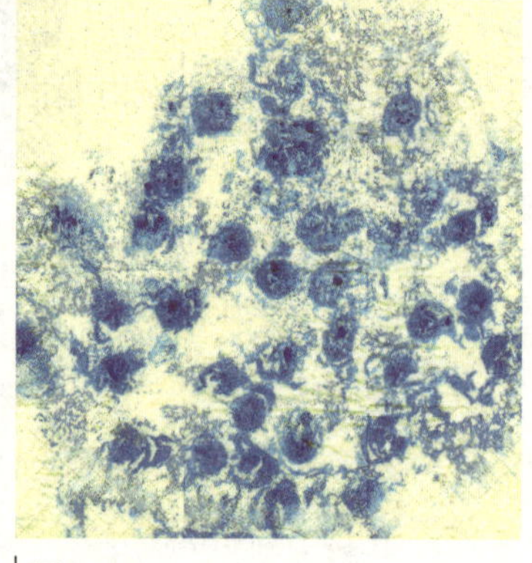
图5-32

图5-33

7. 拓印法

拓印法是将图形颜色借助其他媒介转印到画面上的一种表现方法。拓印法可分为有机形态的拓印和偶然形态的拓印。有机形态的拓印是将颜料直接涂抹在凸凹不平有纹理的物体表面上，在颜料未干之前，用吸水性强的纸覆盖在它面上，施加一定的压力，使物体纹理上粘附颜料形态转印到纸张上。偶然形态的拓印是将浓度较大的颜色依照图案形态，涂抹在光滑的玻璃、纸板、铜版纸或其他硬质板材等不具吸附性的材料上，趁颜料未干之前再用吸水性强的纸覆盖在上面，并将纸逐步刷平压紧，使颜料更服帖，最后揭开纸张，可呈现出意想不到的自然效果。（图5–34~图5–36）

图5-34

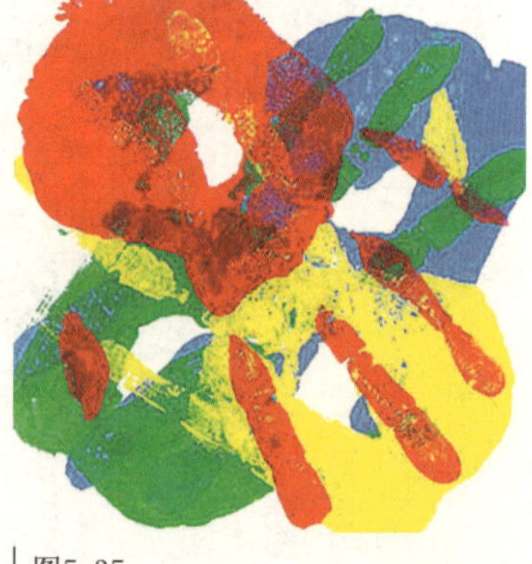
图5-35

图5-36

8. 脱胶法

脱胶法是用胶水直接在卡纸上画出图案形象，为了能看清图形，需要在胶水中掺入少许颜料。待胶水彻底干透后，再用油画颜料将整个画面涂满，可根据画面需要自由涂抹颜色。在油画颜料未干之前，将纸张拿到水下冲洗，胶水部位遇水自然脱落，露出白色的形象。由于其他部位是油性颜料不溶于水而保留下来。脱胶法的画面利用油水分离的特点，制作出的图案形象生动自然。（图5-37）

图5-37

9. 堆积法

堆积法是先将颜料中混入适当的立德粉和白乳胶，使颜料呈现出一定的厚度，再进行图案的描绘；或用较厚的颜料直接进行描绘，在颜料干透后则会呈现出突起的触感。堆积法由于堆积颜料的厚薄程度的不同，可使画面呈现出不同的笔痕效果。（图5-38、图5-39）

图5-38

图5-39

10. 干擦法

干擦法是用擦、蹭的方式表现物象明暗关系的一种色彩表现技法。通常是运用枯笔在画面形态上擦绘，形成自然的颜色斑驳的变化效果。色彩生动活跃，形象鲜明，画面装饰感强。（图5-40~图5-42）

11. 综合法

综合法结合以上两种或两种以上的表现技法进行图案的设计创作。综合使用以上技法，可以使画面呈现出丰富的视觉效果，使图案形象的特征更鲜明、强烈，更具有感染力和典型性，同时也展示了作者的独特创造力和个性。（图5-43~图5-46）

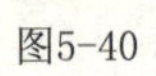

图5-40

图5-41

图5-42

图5-43

图5-44

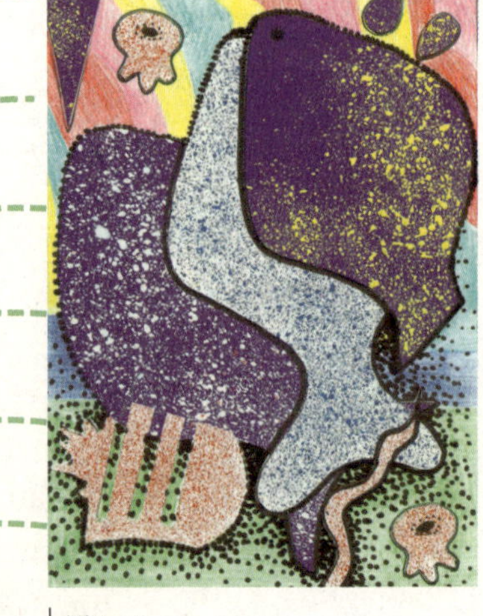

图5-45

图5-46

第三节　图案的装饰材料表现技法

图案的特殊表现技法，指的是合理运用各类材料装饰图案形体结构的表现技法，是图案装饰运用的重要表现手段。

图案制作中所能运用的材料是多种多样的，它们有着各自的形态、色彩、肌理等视觉特征。材料中有的厚重，有的轻薄，有的粗糙，有的细腻，有的鲜艳，有的灰暗。这些材料同绘画颜料相比，有无法替代的美感效果，为艺术创作提供了更广泛的空间。充分利用材料在艺术表现上的长处，能使画面形成独特的装饰美。

另外，对于不同材料的加工与同一材料的不同加工工艺也是制作装饰图案的重要途径。随着科学技术的进步与艺术的发展，原有材料正在被人们重新认识与利用，新材料不断涌现，正在唤起人们的创作灵感。

1．沥粉贴金

沥粉贴金是我国传统壁画、彩塑以及建筑装饰常用的一种工艺手段。传统沥粉是用骨胶加大白混合制成，现代制作方法是采用立德粉和白乳胶混合而成的材料绘制图案的制作方法。画面效果古朴、厚重、丰富，有一定的立体美感，类似于浅浮雕的效果。画面材质单纯，制作方便易学。

其制作方法是事先准备一块画面尺寸大小的板材，将少量立德粉和大量白乳胶调配均匀，用稀薄的沥粉刮涂在板材上铺底，根据需要可以刮涂多次，刮涂效果尽量均匀、光滑。待画面底子干透后，用铅笔在底子上拷贝线条稿，线条稿主要是画面图案部分的边缘线形。再一次调配立德粉和白乳胶，此时调配出的沥粉应稀稠适度，过于稀的沥粉在干透后容易塌陷，过于稠的沥粉干透后容易产生裂纹。调配没有固定的科学配比，只有实践经验的累计。一般以出线顺畅、粉线挺立为标准来调整沥粉的浓度。将调配合适的沥粉灌入准备好的挤线器或针管中，均匀地沿画稿线条沥线，沥出的线条尽可能地均匀、流畅、粗细适当。粉线的粗细一般受沥粉嘴的口径制约，挤画时用力大小和动作快慢也会对粉线的粗细有一定的影响。待粉线干透后，将线条内的图形部分涂上需要的颜色，可以是油画颜色或丙烯颜色，直至完成整幅画面颜色。上色效果可以是平涂、匀染或其他，依作者需求而定。最后用金粉刷涂或用金色丙烯颜料描涂沥线部分，最终完成作品。（图5–47~图5–52）

图5-47

图5-48

图5-49

图5-50

图5-51

图5-52

2. 镶嵌画

镶嵌画是中世纪古希腊、古罗马教堂装饰的一种重要方法。它是以彩色碎石拼合组成装饰玻璃、门窗等，色彩绚丽斑斓，是教堂特有的装饰风格。

现代镶嵌画是利用不同种类、形状、颜色的各种材料镶嵌图案。这些材料可以是五谷杂粮、各类植物的茎叶、蛋壳、织物、石子、金属丝、马赛克、木丁、彩色玻璃等任何可以粘贴的材料。由于镶嵌材料的多种多样，呈现出不同的色彩效果，画面生动丰富、自由灵活。制作方法是根据画稿的设计需要，选择准备各类材料，由内到外、由局部到整体逐步粘贴材料形成图案。镶嵌画在制作过程中，需要注意不同的材质粘贴时产生的疏密变化、明暗层次，整体调整画面效果。不宜过分强调小的明暗起伏变化，以表现大体明暗关系为主，否则会出现凌乱的弊病。（图5-53~图5-57）

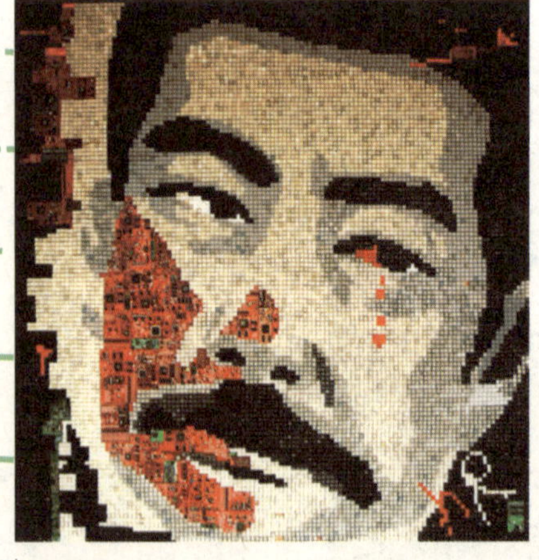
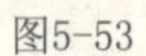
图5-53

图5-54

图5-55

图5-56

图5-57

3. 布贴画

布贴画是现代图案装饰技法的一种新的表现形式。它是将现有的各种质地、纹路、图形、色彩的布面作为制作的原材料，通过剪贴、拼合重新组织画面。具体的制作方法是先根据画稿的设计需要，选择不同质地、纹路、色彩的面料进行形态的裁剪，再将这些布块用白乳胶粘贴在事先准备好的背景效果内。在裁剪、粘贴过程中，可以是由大到小逐层重叠制作形象，形成厚薄不一的画面层次。在制作中需要注意色彩之间的搭配和布面质地之间的对比协调，否则画面效果会显得生硬死板。布贴画作品由于其材料柔软，给人以朴素大方、平易近人、温暖柔和的感觉。（图5-58~图5-60）

图5-58

图5-59

图5-60

4. 综合材料法

结合以上的制作方法，综合利用各类材料制作图案。在综合利用材料的过程中，需要注意各类材料所传达的质感、颜色、肌理之类的差异性，合理运用各类材料的特性创作图案，以某一种材质或手法为创作主体，避免画面的杂乱、零碎。（图5-61~图5-69）

图5-61

图5-62

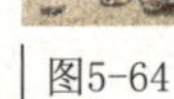

图5-63

图5-64

图5-65

图5-66

图5-67

图5-68

图5-69

思考与练习

思考题

1.请简述图案的黑白装饰表现技法有哪几类？并分析其特点。

2.请简述图案的色彩装饰表现技法有哪几类？并分析其特点。

3.请简述图案的装饰材料表现技法有哪些？并分析其特点。

作业

1.黑白图案表现技法练习。

2.图案装饰色彩表现技法练习。

3.用不同的材料进行图案装饰制作练习。

作品示例

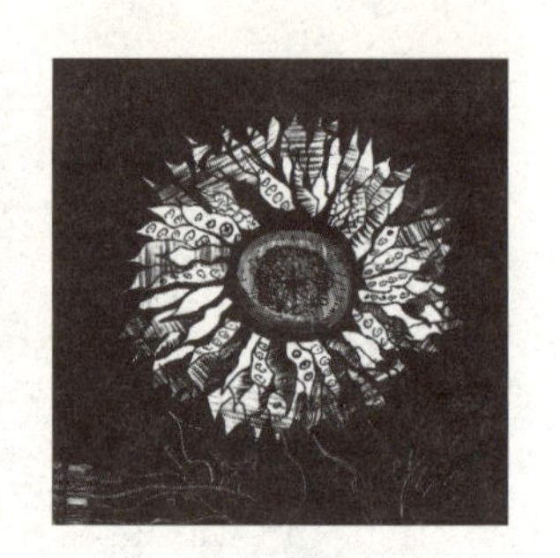

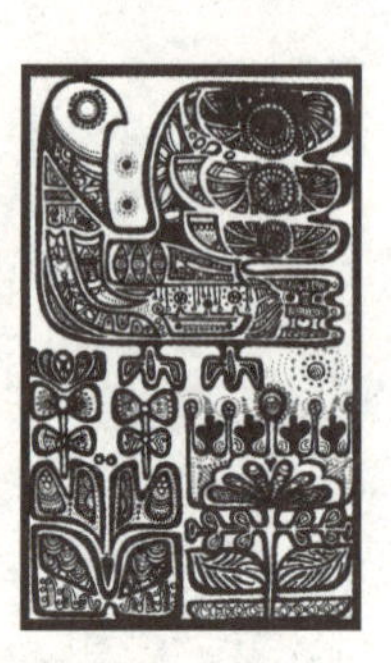

QUIT
DOING

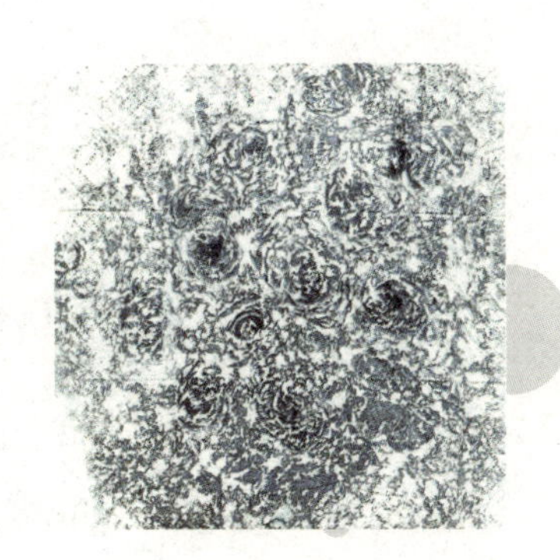

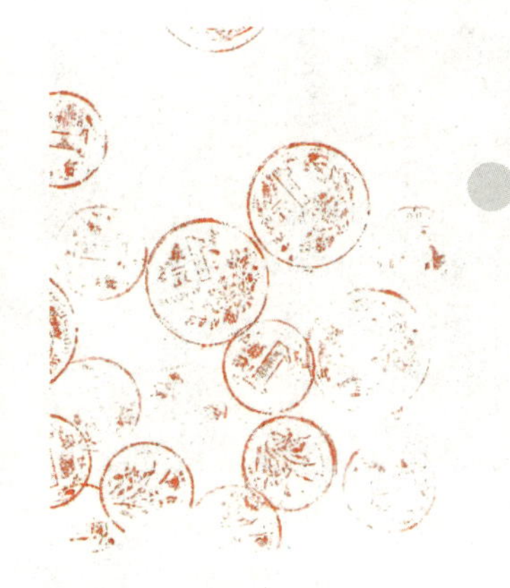

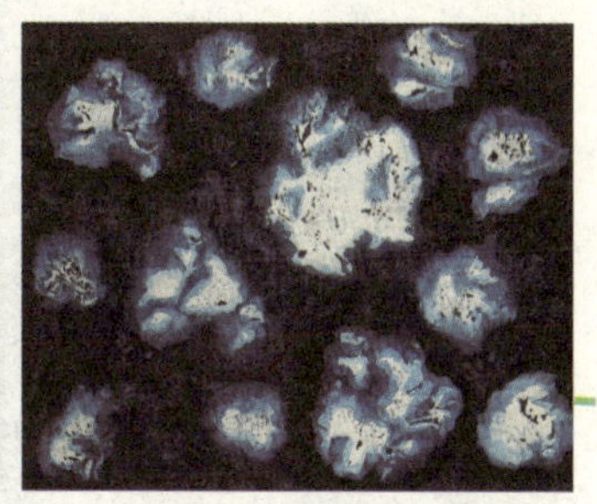

DANCE

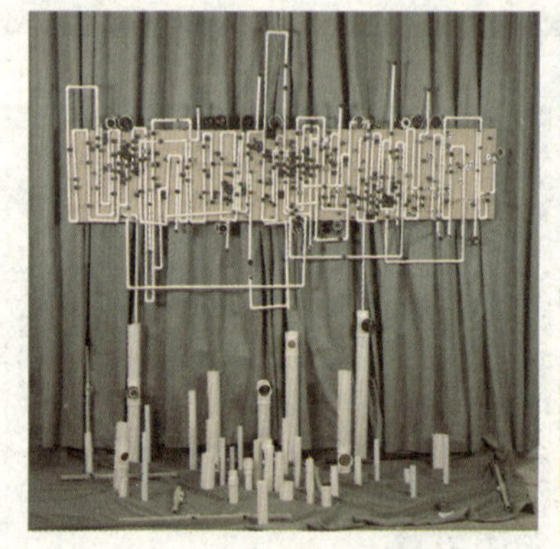

第六章　图案的装饰应用设计

课程目的

通过对图案材料及应用设计的学习，特别是对图案应用设计装饰特性的了解，感受图案装饰在现代设计中的实际应用，使同学具备一定的运用能力。

课程提示

本章是整个课程内容的深入延续，只有掌握图案装饰应用的特性，才能创造具有合理性的图案形态。

课程要求

掌握图案的应用材料特性。

熟悉图案在各类设计形式上的应用。

第一节　图案应用载体的材料分类

针对于图案的创造设计来说，任何一种材料都可以成为图案应用的载体。不同载体的材料其质感、形态等属性各不相同，设计者只有在熟悉和掌握各种材料的特性后，才能将图案运用得恰如其分，才能使图案形态更符合材质本身。对于材质特性的认识，有助于我们在设计中利用材质表现装饰形象。对于材料的充分认识和合理利用，直接关系到图案装饰品的艺术水平和价值。依据材质属性，可以将图案适用载体分为以下几类：

1. 纸张

纸张是最基本最常见的图案运用载体。随着科技的发展，纸张的种类、用途越来越多样，规格、质感各异。有光洁的铜版纸、卡纸、照片纸；有相对粗糙的素描纸、水彩纸、宣纸；有带有纹理的皮纹纸、牛筋纸、色纸；有一定厚度的硬卡纸等等。不同的纸张，由于其吸水性能、软硬度、光洁度的不同，可直接导致图案呈现出不同的视觉效果。（图6–1~图6–4）

2. 木材

木材是来自于大自然中的天然材料，具有自然生成的纹理和色泽，给人以淳朴、天然的亲切感和轻松舒适感。木材质地酥软，较容易加工切割成各类形状，因此，可以根据图案造型事先改造木材形态，将木材的形态和纹理与图案相结合进行创作。（图6–5~图6–8）

3. 织物

织物给人以柔软、温暖的亲近感。种类繁多，根据其制作成分可以分为：棉、亚麻、丝绸、涤纶、尼龙等；根据其用途可以分为：桌布、地毯、衣料、窗帘等。在织物上设计图案时

图6-1

图6-2

图6-3

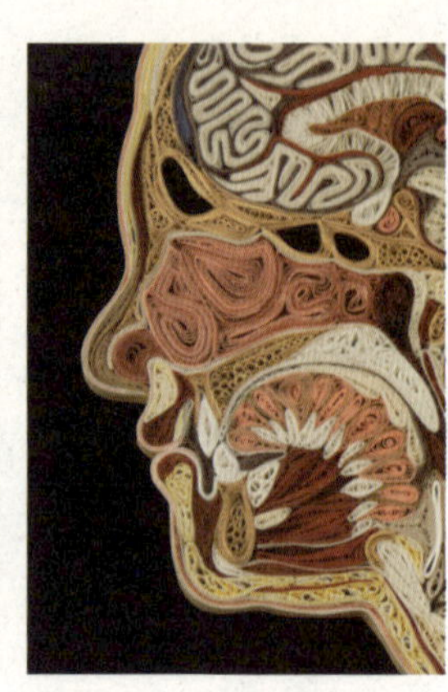
图6-4

图6-5

图6-6

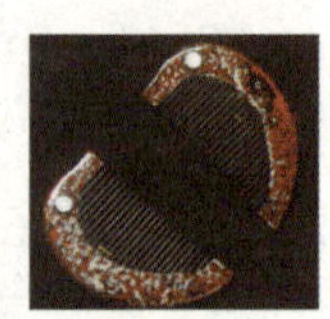
图6-7

图6-8

要注意织物的纹理变化、吸水性能、应用范围。可以直接用画布特殊颜料绘制图案，也可以事先在电脑上设计图案，通过机器喷绘、丝网印刷等手段印制图案。（图6-9~图6-13）

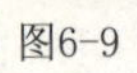
图6-9

图6-10

图6-11

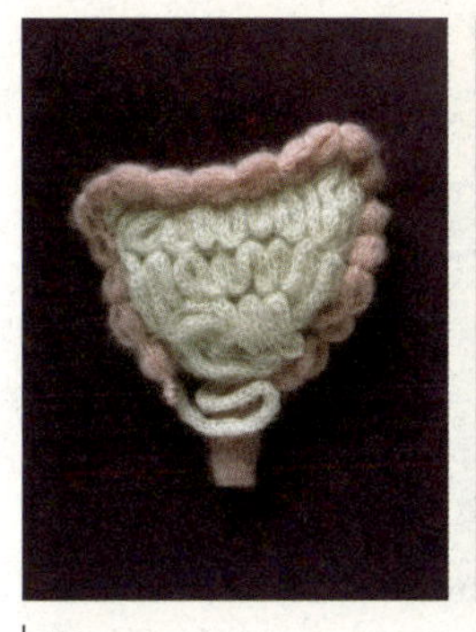
图6-12

图6-13

4. 石材

石材和木材一样都是来源于大自然的天然原料，纹理清雅光泽、美观稳重。石材经加工、打造，可以制成各类形态。石材坚硬耐用，具有重量感，沉重、扎实，保存时间长久，是酒店、宾馆、商场、办公等公共场所空间中普遍使用的装饰载体。另外，石材具有天然的纹理和色泽，利用纹理效果和图案相结合，可以创造出意想不到的自然效果。以石材为载体的装饰图案常用于装饰墙壁、地面铺饰等，可采用浮雕、拼图、刻线等手法进行处理。（图6-14、图6-15）

图6-14

图6-15

5. 金属

金属材料主要有铁、铜、不锈钢、铝等，由于金属构成元素及成分的不同，具有不同的强度、光泽度和耐腐蚀性。设计在金属材料上的图案，主要用于建筑、装饰幕墙、门窗、栏杆等。例如铁艺装饰品中，常见有各种纹样变化的铁杆花式，图案呈现立体状态，通透且具有欧式风情，普遍用在栏杆护栏、楼梯扶手、壁挂等铁质家具里。（图6-16~图6-19）

6. 陶瓷

陶瓷制品是经过黏土烧制塑造而成的，其中陶制品吸水性强，表面粗糙，给人以粗犷质朴之美；瓷制品光滑细腻、不吸水，通透光洁，质地坚硬清脆。陶瓷装饰品多以容器为主，地面、墙面的装饰应用也很广泛。烧制陶瓷用的黏土可塑性很强，可以塑造各类造型、装饰各种图案、施加多种颜色。在陶瓷制品上设计、应用图案时应根据其特性、用途来适当安排。（图6-20~图6-23）

图6-16 图6-17 图6-18 图6-19

图6-20 图6-21 图6-22

图6-23

7. 玻璃

玻璃制品的特点是通透、光滑、纯净，最早的玻璃彩绘艺术主要用于教堂建筑上。玻璃制作的各类器皿可以通过磨砂、着色、蚀刻等技术，设计出丰富的图案变化。用于装饰的玻璃工艺则多见于家庭装饰用的隔断和门窗装饰等。（图6-24~图6-26）

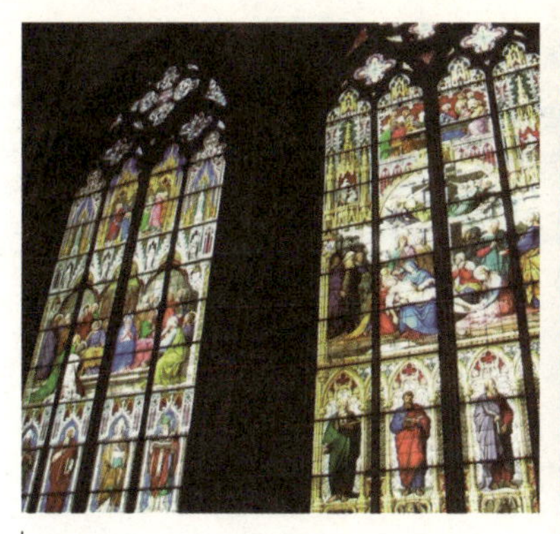
图6-24

图6-25

图6-26

8. 塑料

塑料制品的形态、质地、性质、纹理、用途等丰富多变，是有目地对其化学成分进行研究和艺术加工处理的人工材质制品，它能满足人们多样的生活需求。在塑料制品上进行图案设计，需要根据其造型、用途、质感等选择合适的绘图手段。（图6-27、图6-28）

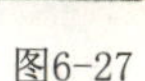
图6-27

图6-28

第二节　图案的装饰应用设计

图案的装饰应用设计即图案在各种实用品上的应用展示。图案艺术不同于其他造型艺术，仅是艺术者个人的情感表现和精神功能的满足，它更多的是作为一种实用性艺术形态而出现的，在美化的同时强调实用品的应用价值和功能价值。随着科学技术的不断发展，人们的物质生活水平逐渐提高，单一的实用形态已不能满足人们的精神需求，图案作为一种装饰艺术不但能实现人们追求功能价值的目的，更能实现人们的审美价值。

作为实用品图案的应用设计，是美化人们物质生活的重要艺术形态，具有实用和审美的双重意义。在平面设计、服装设计、环境艺术设计、产品设计等各类艺术行业中，图案除了满足艺术观赏的功能外，还需要按照实用、经济、美观的设计原则美化实用品，考虑实用品的材质和工艺技术的制约、使用对象和使用功能的要求以及科学性、社会经济效益等诸多方面。只有这样才能形成工艺技术与图案艺术结合的独特风格。

一、图案在视觉传达设计中的应用

图案在视觉传达设计中的应用小至一个标志，大到展示广告，其范围非常之广，包括广告设计、书籍装帧、包装设计、样本设计、标志设计、网页设计、展示设计等等。这些图案的应用，不仅为设计者提供了一种新的设计手段，而且使被设计载体更形象、生动，更容易被大众接受。例如在广告设计中，利用图案的装饰造型手法，不仅可以突出广告的主题，形成广告性格，更能提高视觉注意力，下意识地左右广告的传播效果；在商品包装中，设计者如果能把握好包装设计中图案的意境性，合理安排图案、文字的形式结构，就能更好地传达设计思想和创意，让受众者理解和接受；在标志设计中，图案所传达的意境美就是设计者的创意点，它能提高标志设计的识别性、符号象征性和品味性，使标志图形具有很高的欣赏、审美价值，更容易被人接受和熟识；在展示设计中，若能运用图案的形式美法则装饰空间，能更好地突出展示效果。（图6-29~图6-33）

图6-29

图6-30

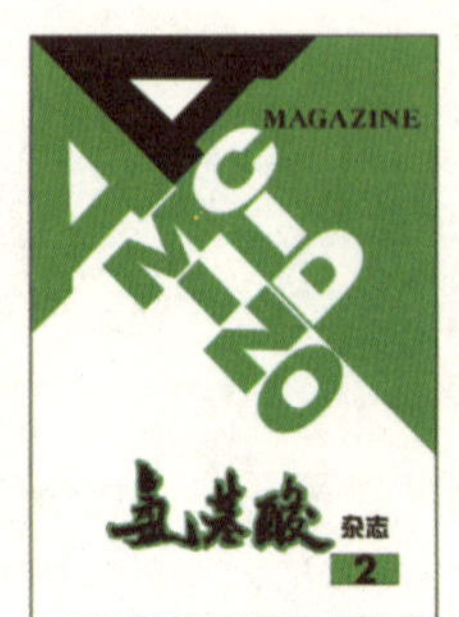

图6-31

图6-32

图6-33

二、图案在服装设计中的应用

在服装设计中，图案是不可或缺的重要部分。从修饰用的头饰、配饰到主体上衣、裙子、裤子，甚至鞋、袜等，都少不了图案的修饰与点缀。随着人们审美观念的日益提高，服饰图案的应用范围也越来越广泛，图案不再是女性服装的专利，男性服装上也开始涉及应用，其装饰题材丰富多样，造型内容多变，并传达着不同的主体思想。随着技术的发展，服饰图案的制作水平也逐渐多样化，除了早先的印染、编织、刺绣等方法外，现在还出现了喷墨直印、烫印、立体起泡等技术。总之，图案应用在服装上能起到强化、提醒、引导视线的作用，能加强突出服饰的局部视觉效果，形成视觉张力。恰到好处的图案不仅能够渲染服装的艺术气氛，更能提高服装的审美品格，显示不同国家、民族、阶层的特点。图案在服饰上的广泛应用反映了服装设计自由化和多元化的时代特征。（图6-34~图6-39）

图6-34

图6-35

图6-36

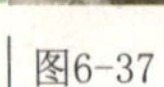

图6-37

图6-38

图6-39

三、图案在环境艺术设计中的应用

在环境设计中，随处可见用图案点缀的物体，例如公共空间中的宾馆、饭店、车站、商店等，地面砖的拼合图案，墙面装饰图案、玻璃镶嵌图案；室内家居设计中的墙壁装饰画、地面装饰物、家纺布艺、沙发、窗帘、地毯、灯具等等都少不了图案的装饰。这些被图案承载的物体以其独特的艺术表现形式，将人们的生活环境点缀得丰富多彩。它体现的不仅仅是自然环境、建筑环境，更体现了人文环境、社会环境和心理环境。这些图案艺术具有不同的风格特点和社会文化特征，在环境设计中合理应用图案，不仅可以烘托环境气氛，同时还可以强化空间特点，增添审美情趣，实现文化特色、艺术个性和环境的和谐统一。（图6-40~图6-42）

图6-40

图6-41

图6-42

四、图案在产品造型设计中的应用

产品造型设计中的图案，与产品的形态、色彩、材质一起形成了产品独特的语言，不仅解决了人的实际需求，更给人带来了精神和情感的愉悦享受。产品中图案的应用范围及其广泛，包括器皿、家具、电器、电子产品等。图案题材丰富，具有传统吉祥、简洁现代、古典优美等各类突出的风格特点，主题各异。依照不同的应用范围，又有诸多的制作手法，例如家具上可采用雕刻、镂空的手法，电器上可采用喷涂、网印、烫印、电镀等，或直接以图案形态设计产品造型。这些不同主题与特色的图案大大满足了消费者的心理需求，更展示了设计者独特的创作个性。（图6-43~图6-50）

图6-43

图6-44

图6-45

图6-46

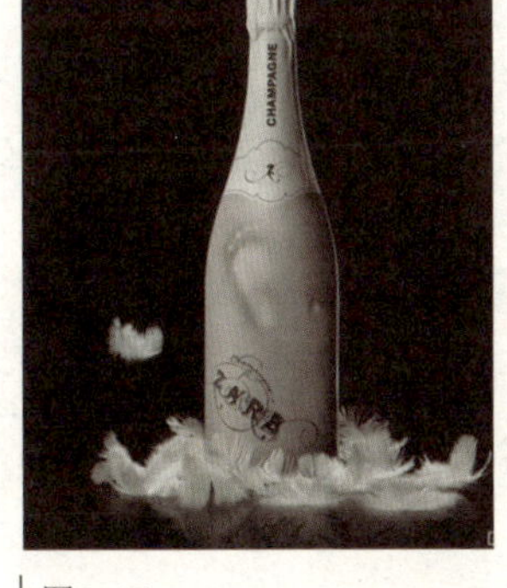

图6-47

图6-48

图6-49

图6-50

随着时代的发展和人们观念的不断更新，图案艺术已从最初的附属地位演变成独立的设计形式，具有完整的、系统的知识结构，广泛涉及艺术设计各门类的诸多方面，在应用设计领域中，它以其独特的艺术形式和艺术感染力发挥着重要的作用。

思考与练习

思考题

图案的应用载体材料有哪些？请简述其特点。

作业

模拟一公共空间环境设计装饰画，依据环境确定主题、材料和工艺。

作品示例

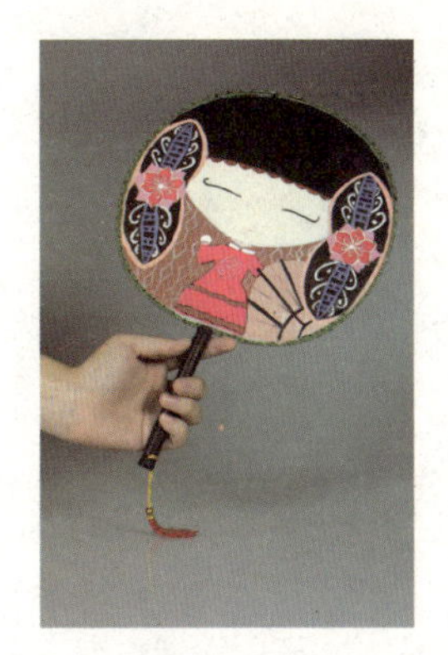

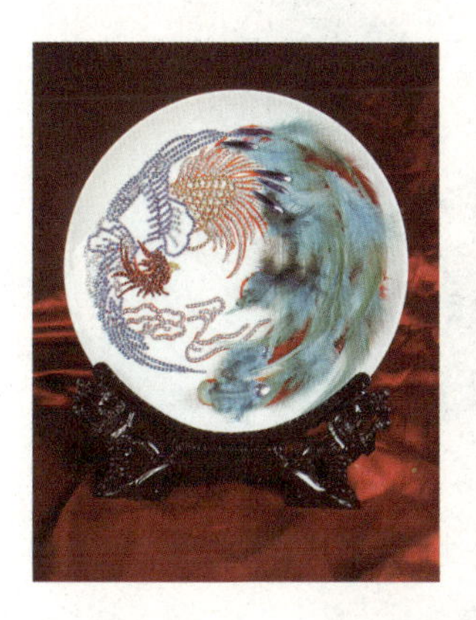

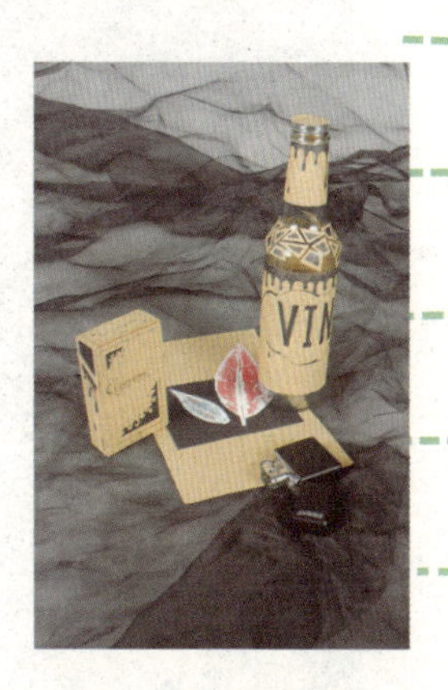

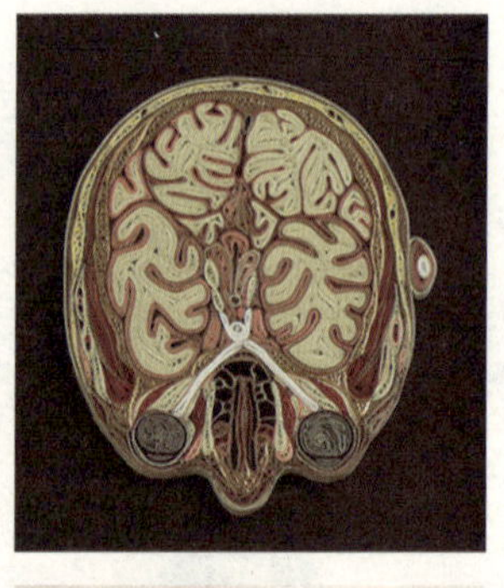

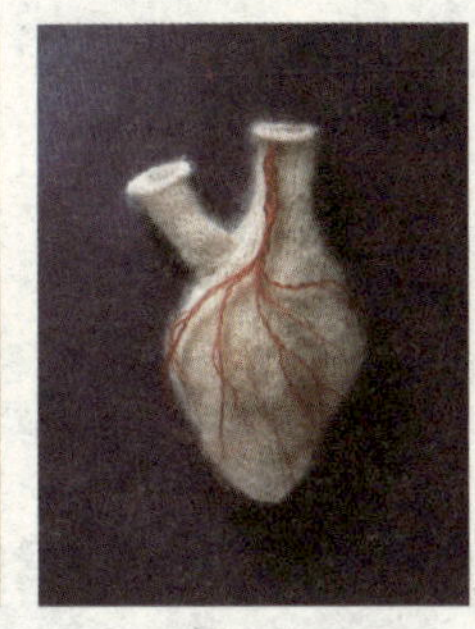
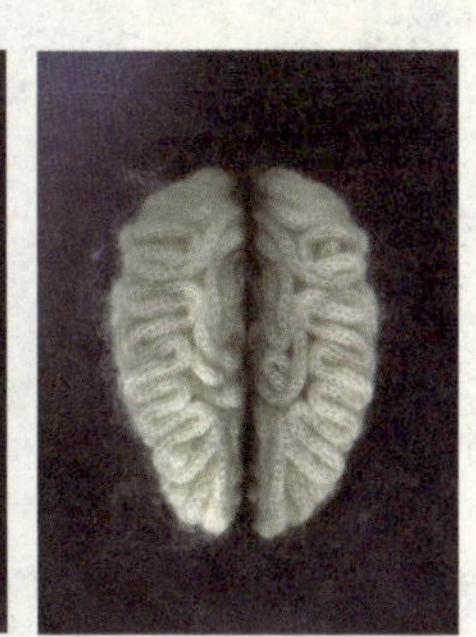

Dornröschen
Filzunikate

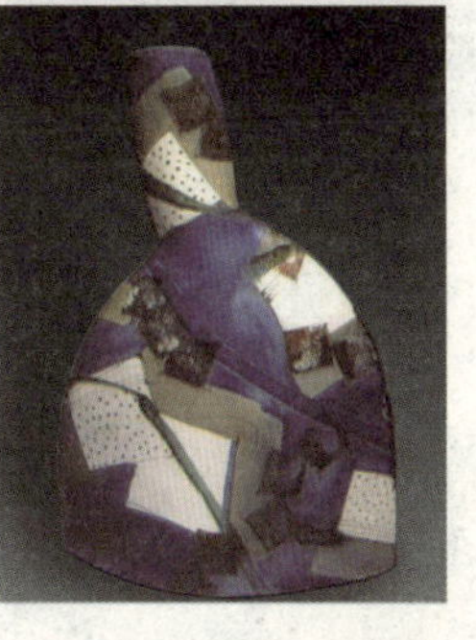

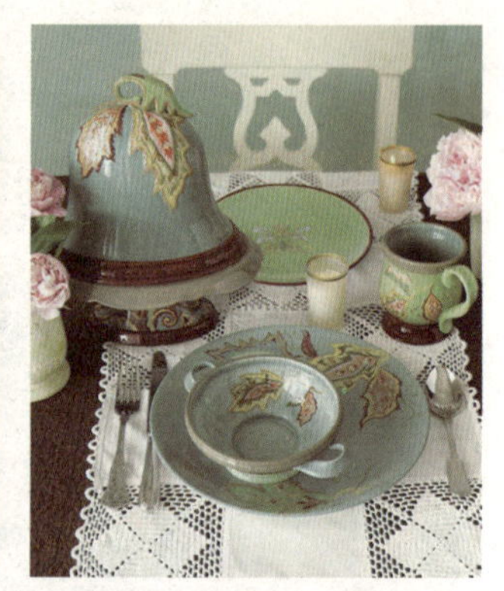
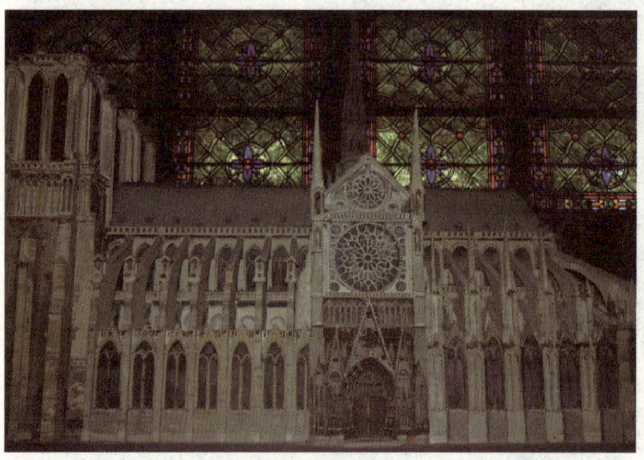
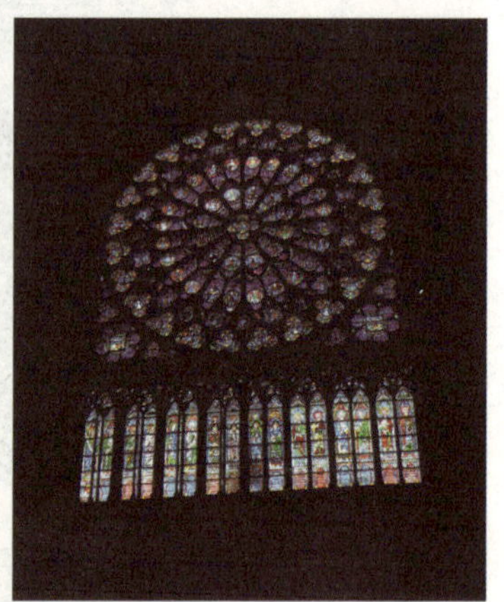

PTT

ARTISAN
BISCUITS
Organic
Strawberry Biscuits
ARTISAN
BISCUITS
ARTISAN
BISCUITS
Organic
Vanilla Biscuits

XO

oh yeah

JONES
JONES
SODA CO.
JONES

Coca-Cola
light

FREY WILLE
FREY WILLE

参考文献

[1] 张道.外国图案大系——美洲卷、非洲卷.南京：江苏美术出版社，2001.
[2] 钱永宁，侯慧俊.中外纹饰艺术大典.上海：上海科学文献出版社，2007.
[3] 周路.中国民间美术.合肥：合肥工业大学出版社，2011.
[4] 矫友田.图说老手艺:走进中国民间艺术的神奇世界.北京：金城出版社，2011.
[5] 李祖定.中国传统吉祥图案.上海：上海科学普及出版社，1989.
[6] 史启新.装饰图案.合肥：安徽美术出版社，2002.
[7] 罗鸿.基础图案设计.北京：中国纺织出版社，2006.
[8] 周建，于芳.现代图案设计与应用.北京：中国轻工业出版社，2005.
[9] 文峰，董琦.图案设计.北京：中国青年出版社，2007.
[10] 吴良忠.中国民间图案集.上海：上海远东出版社，2009.
[11] 张涛，丛琳. 经典吉祥图案1001例.北京：化学工业出版社，2010.
[12] 李绍渊.图案设计基础教程.南宁：广西美术出版社，2008.
[13] 崔栋良.图案.北京：中国纺织出版社，2002.